高分手绘营

汪建成 著

室内设计 手绘效果图表现

華中科技大學出版社
http://www.hustp.com
中国·武汉

内容简介

手绘效果图是当今热门的实用美术技能之一，徒手表现室内设计效果图需要经过深入且长期的训练，在创意中进行手绘更能彰显设计者的功力。本书从零开始讲授室内手绘效果图的各种技法，最大限度地发挥马克笔与彩色铅笔的创造能力，综合多种绘画技法，让读者在短期内迅速提高室内效果图的表现水平，同时融入个人的创意表现能力。本书适合大中专院校艺术设计、室内设计专业在校师生阅读，同时也是相关专业研究生入学考试的重要参考资料。

图书在版编目（CIP）数据

高分手绘营．室内设计手绘效果图表现 / 汪建成著．-- 武汉：华中科技大学出版社，2020.10

ISBN 978-7-5680-6620-4

Ⅰ．①高… Ⅱ．①汪… Ⅲ．①室内装饰设计－绘画技法 Ⅳ．①TU204.11

中国版本图书馆 CIP 数据核字（2020）第 172604 号

高分手绘营．室内设计手绘效果图表现

Gaofen Shouhuiying Shinei Sheji Shouhui Xiaoguotu Biaoxian

汪建成 著

责任编辑：杨　靓 彭霞霞

装帧设计：金　金

责任校对：周怡露

责任监印：朱　玢

出版发行：华中科技大学出版社（中国·武汉）　电　话：（027）81321913

武汉市东湖新技术开发区华工科技园　邮　编：430223

印　刷：武汉市金港彩印有限公司

录　排：天津清格印象文化传播有限公司

开　本：889mm×1194mm 1/16

印　张：11

字　数：256 千字

版　次：2020 年 10 月第 1 版第 1 次印刷

定　价：72.00 元

前言

室内设计手绘效果图表现是现代室内设计者必备的基本功。传统的手绘效果图多采用水彩渲染的方式表现，大多追求写实，极力发挥笔刷与颜料的表现力。21 世纪以来，马克笔手绘效果图已经成为现代设计者表达创意元素、记录设计要求的手段了。

在我国各类室内设计考试中，马克笔手绘效果图表现成为主流，表现技法多种多样且因人而异。深入细节的技法基本相同，这是读者学习手绘效果图的根基。大多数初学者很容易被优秀作品的表象风格和洒脱笔触感染。其实，真正能提升手绘水平的是把控好效果图的形体结构、透视空间、色彩搭配，并保持绘图过程中的平静心态。表现形体结构时，要求线条准确，在横平竖直之间塑造出端庄的棱角，并做到稳重绘制短线条，分段绘制长线条。

在室内设计手绘效果图表现中，透视构图相当重要。简单的室内局部空间可以选用一点透视；复杂的整体环境可以选用两点透视；在空旷的场景中，为了提升视点高度，可以选用鸟瞰视角，在紧凑的场景中可以适当降低视点高度，选用仰望视角，这些情况都能选用三点透视。在室内设计手绘效果图表现中，给单幅画面配色时，一般在画面中运用 70% 的同色系来强化画面基调，另外 30% 使用其他色彩以丰富画面效果，避免使用黑色来强化阴影，适度留白形成鲜明的对比。

其实，能够提升手绘水平的主观因素源于绘图者的内心，优秀的室内手绘作品需要保持平和、沉稳的心态去创作。一幅完整的作品由大量线条和着色笔触组成，每一次落笔都要起到实质性作用，当这些线条和着色笔触全部到位时，作品也就完成了，无须额外增加修饰，绘图时要以平静的心态去应对这个复杂的过程，不能急于求成。当操作娴熟后可以从局部入手，由画面的重点部位开始，逐步向周边扩展，当全局完成后再作统一调整。这样既能建立自信心，又能更好地表现画面的主次关系，是平稳心态的最佳方式。

本书由艺景手绘汪建成老师撰写，参与本书撰写的人员包括万丹、万财荣、杨小云、万阳、汤留泉、高振泉、汤宝环。

著者

目 录

05 步骤表现 /093

06 案例赏析 /113

07 快题赏析 /141

19 天高分手绘训练计划

第 1 天	准备工作	购买各种绘制工具（笔、纸、尺规、画板等），熟悉工具的使用特性，尝试着临摹一些简单的家具、小品、绿化植物、饰品等。根据本书的内容，纠正不良绘图习惯，从握笔姿势、选色方法等入手，强化练习运笔技法。
第 2 天	形体练习	对各种线条进行强化训练，掌握长直线的绘画方法，严格控制线条交错的部位，要求对圆弧线、自由曲线的绘制能一笔到位。无论以往是否系统地学过透视，现在都要配合线条的练习重新温习一遍，透彻理解一点透视、两点透视、三点透视的生成原理。
第 3 天	前期总结	对前期的练习进行总结，找到自己的弱点，加强练习。可以先临摹 2 ~ 3 张 A4 幅面线稿，以简单的小件物品为练习对象。再对照实景照片，绘制 2 ~ 3 张 A4 幅面简单的小件物品线稿。
第 4 天	单体线稿	临摹室内各种单体线稿，画 2 ~ 3 张 A4 幅面即可，注重单体物件形体的透视比例与造型细节，采用线条来强化明暗关系。再对照实景照片，绘制 2 ~ 3 张 A4 幅面简单的室内单体物品线稿。
第 5 天	空间线稿	临摹室内各种空间线稿，画 2 ~ 3 张 A4 幅面即可，注重空间构图与消失点的设定，融入灯具、陈设品与绿化植物等，采用线条来强化明暗关系。再对照实景照片，绘制 2 ~ 3 张 A4 幅面简单的室内空间线稿。
第 6 天	着色特点	临摹室内各种材质的表现线稿，画 2 ~ 3 张 A4 幅面即可，注重材质自身的色彩对比关系，着色时强化记忆材质配色，区分不同材质的运笔方法。分清构筑物的结构层次和细节，对必要的细节进行深入刻画。
第 7 天	单体表现	临摹 2 ~ 3 张 A4 幅面家具、饰品、灯具、墙面、绿化植物等综合着色画稿，分出不同质地的多种颜色，厘清光照的远近层次，分出家具中主次关系，对不同方向的亮面、过渡面、暗面比较分析，区分复杂单体中的不同材质，要对亮面与过渡面的表现进行归纳，不能完全写实。再绘制 2 ~ 3 张 A4 幅面的单体组合与大型家具。
第 8 天	空间表现	临摹 1 张 A4 幅面室内空间着色画稿，分析重点设计对象和构图，对不同质地的家具、墙面、配饰进行着色，深入刻画细节。对不同家具的亮面、过渡面、暗面比较分析，明确区分不同家具之间的关系，要对亮面与过渡面的表现进行归纳并记忆。自主选择 2 张室内空间照片，绘制 2 张 A4 幅面室内空间效果图。
第 9 天	中期总结	自我检查、评价前期关于室内效果图的绘画稿，总结形体结构、色彩搭配、虚实关系中存在的问题，重新修改绘制存在问题的图稿。

第 10 天	家居住宅	参考本书关于家居住宅的绘画步骤图，搜集 2 张相关实景照片，对照照片绘制 2 张 A3 幅面家居住宅室内效果图，注重墙面的主次关系与地面投影，把握好顶面着色，避免出现着色过多、过脏的现象。
第 11 天	卧室套房	参考本书关于卧室套房的绘画步骤图，搜集 2 张相关实景照片，对照照片绘制 2 张 A3 幅面酒店、宾馆客房或住宅卧室的室内效果图，注重大面积空间的纵深处理，把握好远近家具结构的色彩对比。
第 12 天	商务空间	参考本书关于商务办公室的绘画步骤图，搜集 2 张相关实景照片，对照照片绘制 2 张 A3 幅面办公室效果图，注重墙面、地面的区分，避免重复使用单调的色彩来绘制大块面域。
第 13 天	商业店面	参考本书关于商业店面的绘画步骤图，搜集 2 张相关实景照片，对照照片绘制 2 张 A3 幅面商业店面效果图，注意开阔空间中货架与商品的区别与层次，适当配置灯光来强化空间效果。
第 14 天	酒店大堂	参考本书关于酒店大堂的绘画步骤图，搜集 2 张相关实景照片，对照照片绘制 2 张 A3 幅面大堂效果图，注意主体墙面的塑造，深色与浅色相互衬托。
第 15 天	展示空间	参考本书关于博物馆的绘画步骤图，搜集 2 张相关实景照片，对照照片绘制 2 张 A3 幅面博物馆效果图，注重取景角度和远近虚实变化，精心绘制各类展示造型。
第 16 天	快题立意	根据本书内容，建立自己的室内快题立意思维方式，列出快题表现中存在的绘制元素，如墙体分隔、家具布置、软装陈设等，绘制 2 张 A3 幅面桌游吧、电玩室等公共空间平面图，理清空间尺寸与比例关系。
第 17 天	快题实战	实地考察周边书吧、网吧、酒吧或咖啡吧，或查阅、搜集资料，独立设计构思一处小型书吧或网吧的平面图与主要立面图，设计并绘制重点部位的立面图、效果图，编写设计说明，1 张 A2 幅面。
第 18 天	快题实战	实地考察周边商业空间，或查阅、搜集资料，独立设计构思一间中小面积茶室或服装店平面图，设计并绘制重点部位的立面图、效果图，编写设计说明，1 张 A2 幅面。
第 19 天	后期总结	反复自我检查、评价绘画图稿，再次总结形体结构、色彩搭配、虚实关系中存在的问题，将自己绘制的图稿与本书作品对比，快速记忆和调整存在问题的部位，以便在考试时能默画。

01

概述

识别难度

★☆☆☆☆

核心概念

手绘运用、绘图工具。

章节导读

设计者用手绘来表现自己设计的图像，是一种在有限时间和有限空间内最便捷的交流方式。良好的工具材料对手绘表现起着非常重要的作用。

1.1 手绘的正确认识

手绘的特点是能比较直接地传达设计者的设计理念，使作品生动、亲切，有一种回归自然的情感因素。手绘是眼、脑、手相互协调配合的表现方式。手绘有助于提高设计者的观察能力、表现能力、创意能力和整合能力。手绘效果图通常是设计者思想的初衷体现，并且能和设计者的创意同步。一个好的创意是最初设计理念的延续，而手绘效果图则是设计理念最直接的体现。

1.2 手绘在室内设计中的运用

目前在室内设计中，手绘已经是一种流行趋势，许多设计者常用手绘作为表现手段。手绘是设计者表达情感、设计理念和设计方案最直接的视觉语言。手绘作为设计者的一种表达手段，属于设计的前期部分，它能够形象而直观地表达室内外空间结构关系和整体环境氛围，是一种具有很强艺术感染力的表达方式。

手绘贴士

绘图工具的购买根据个人水平能力来定。在学习初期，画材的消耗量较大，待操作熟练、水平提升后，画材的消耗量就能稳定下来。因此，初期可以购买性价比高的产品，后期再购买品牌产品。制定一个比较详细的学习计划，将日程细化到每一天，甚至每半天，根据日程来控制进度，至少每天都要动笔练习，这样才能快速提升手绘效果图表现的水平。

普通层高的室内顶面，留白是效果图表现常见的方式，避免画面内容显得过于拥挤。

加深家具底部投影颜色能让画面显得比较稳重。

位于画面边缘的家具被较深的着色环境包围着，可以选择不着色，保持画面的透气性。

▲室内手绘效果图

1.3 常用的工具

第1天 准备工作

购买各种绘制工具，笔、纸、尺规、画板等，熟悉工具的使用特性，尝试临摹一些简单的家具、小品、绿化植物、饰品等。根据本书的内容，纠正自己以往的绘图习惯，包括握笔姿势、选色方法等。强化练习运笔技法，避免错误、不当的技法。

在手绘效果图表现的绘制过程中，良好的绘图工具对手绘表现起着非常重要的作用。不同的工具，能够产生不同的表现效果。设计者应该根据所要表现的设计对象的特点，结合平时所积累的手绘经验，总结出适合自己的绘图工具，熟练地掌握绘图工具的特性是取得高质量手绘效果图表现的基础。

1.3.1 绘画用笔

1. 铅笔

铅笔在手绘中的运用非常普遍，因为它可快、可慢，可轻、可重，所绘画出的线条非常灵活。在绘制手绘效果图草图时，一般选择 2B 铅笔。太硬的铅笔有可能在纸上留下划痕，在修改的时候纸上可能会留有痕迹，影响美观。太软的铅笔对于手绘来说，可能力度不够，很难对形体轮廓进行清晰的表现。绘画者可以根据个人习惯来选择不同粗细的铅芯，0.7mm 的铅芯比较适合。此外，传统铅笔需要经常削，也不好控制粗细。因此，大多数人更愿意选择自动铅笔。

2. 绘图笔

绘图笔是一个统称，主要包括针管笔、签字笔、碳素笔等。绘图笔笔尖较软，用起来手感很好，而且画出来的线条十分均匀，适合细致地勾画线条，画面会显得很干净。根据笔头的粗细绘图笔分为不同型号，可以按需购买。初学者练习比较多，可以选择中低端品牌产品，价格便宜，性价比很高；待水平提升后，再根据实际情况选择高档产品。

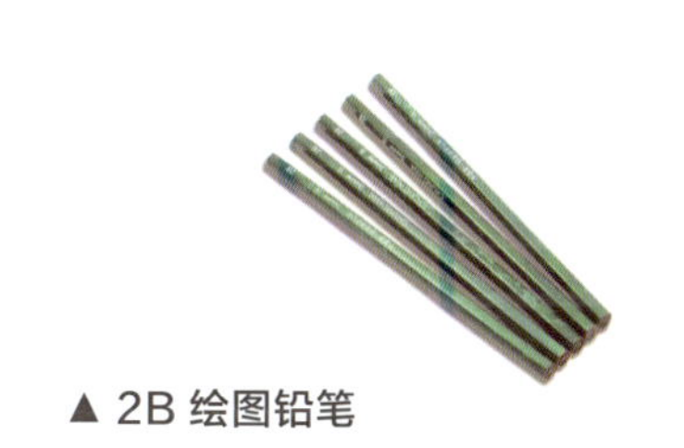

▲ 2B 绘图铅笔

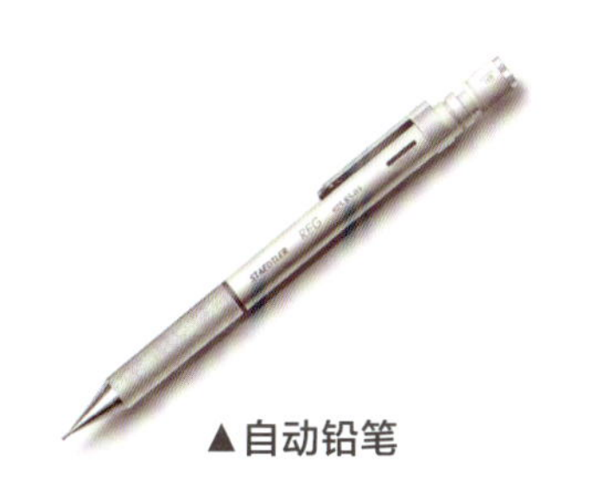

▲自动铅笔

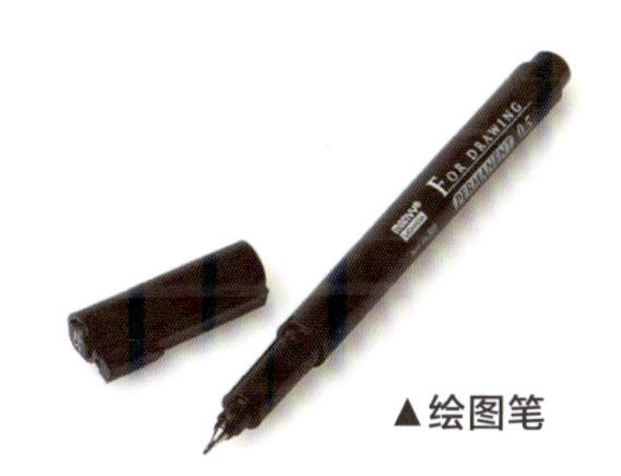

▲绘图笔

3. 美工钢笔与草图笔

与普通钢笔的笔尖不同，美工钢笔的笔尖是扁平弯曲状的，适合绘制硬朗的线条。初学者可以选择普通的钢笔，后期最好选择品牌钢笔，如红环、凌美等。草图笔画出来的线条比较流畅，粗细可控，能一气呵成画出草图，但是比一般针管笔粗。目前，派通牌草图笔用得比较多。

▲美工钢笔

4. 马克笔

马克笔又称“麦克笔”，是手绘的主要上色工具，分为酒精性（水性）与油性两种，手绘时通常选用酒精性（水性）马克笔。马克笔两端有粗笔头和细笔头，可以绘制粗细不同的线条。品牌不同，马克笔的笔头形状和大小也有区别。马克笔具有作图快速、表现力强、色泽稳定、使用方便等特点，越来越受到设计者的青睐。全套马克笔颜色可达300种，一般根据个人需要购买。初学者可以选购TOUCH牌3代或4代，性价比比较高。好一点的可以选择犀牛牌、AD牌等，颜色更饱满，墨水更充足，但价格比较高。当马克笔的墨水用尽时，可以用注射器注入少量酒精，在一定程度上可以延续马克笔的使用寿命。

▲草图笔

5. 彩色铅笔

彩色铅笔是比较容易掌握的涂色工具，画出来的效果类似铅笔。建议选择水溶性彩色铅笔，因为它能够很好地与马克笔结合使用。彩色铅笔有单支系列、12色系列、24色系列、36色系列、48色系列、72色系列、96色系列等，一般根据个人需要购买即可。

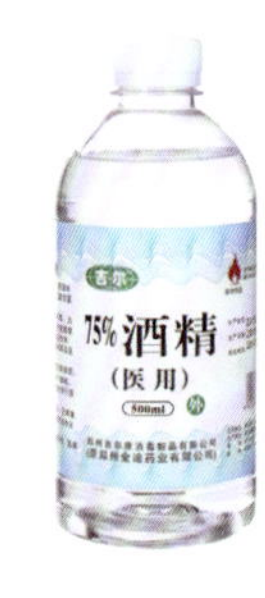

▲酒精

▲马克笔

▲水溶性彩色铅笔

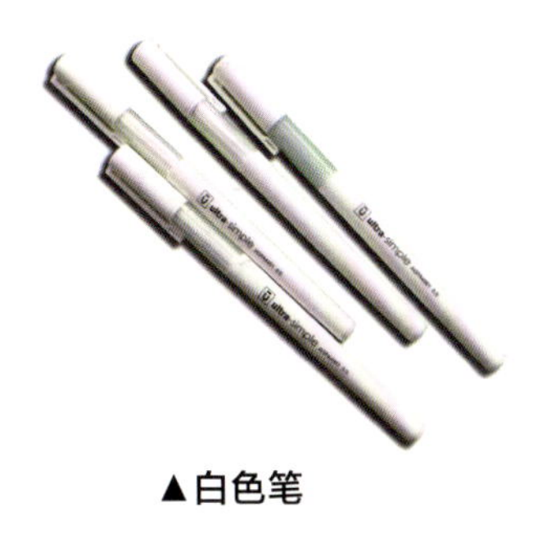
▲白色笔

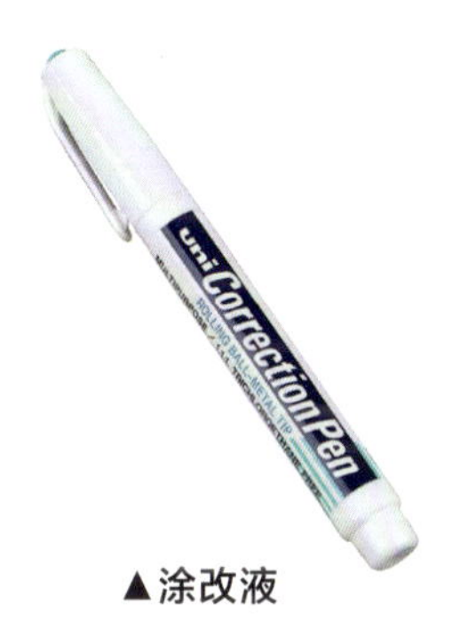

▲涂改液

6. 白色笔

白色笔是在效果图表现中提高画面局部亮度的好工具。使用方法和普通中性笔相同，只是运用部位应当在深色区域，否则无法体现白色效果。但是白色笔的覆盖性能比不上涂改液，不能作为大面积涂白使用。

7. 涂改液

涂改液的作用与白色笔相同，只是涂改液的使用面积更大，效率更高，适合反光、高光、透光部位。涂改液一般只用于最后一个步骤，覆盖涂改液后就不应再用马克笔或彩色铅笔着色。当然，也不能完全依靠马克笔来修复灰暗的画面效果，否则画面会显得苍白无力。

1.3.2　绘画用纸

1. 复印纸

普通复印纸因其性价比高而运用普遍，初学者刚开始学习手绘时，建议选择复印纸来练习。这种纸的质地适合铅笔、绘图笔和马克笔等多种绘图工具。

2. 拷贝纸和硫酸纸

拷贝纸和硫酸纸都是半透明纸张，适合设计者在工作中用来绘制和修改方案，或者进行拓图。拷贝纸相对比较便宜，在前期做方案的时候都会使用拷贝纸进行绘图。而硫酸纸价格相对较贵，而且不容易反复修改，所以初学者刚开始最好使用拷贝纸来训练。

▲复印纸

▲拷贝纸

▲硫酸纸

1.3.3 相关辅助工具

1. 尺规

常见的尺规有直尺、丁字尺、三角尺、比例尺和平行尺等。直尺用于绘制较长的透视线，方便精准定位；丁字尺能在较大的绘图幅面上定位水平线；三角尺用于绘制常规构造和细节；比例尺用于绘制彩色平面图上的精确数据；平行尺是三角尺的升级工具，可以连续绘制常规的构造线。

尺规可以较准确地强调效果图中的直线轮廓，可根据需求选购。对于初学者来说，必要的时候应当使用尺规来辅助。

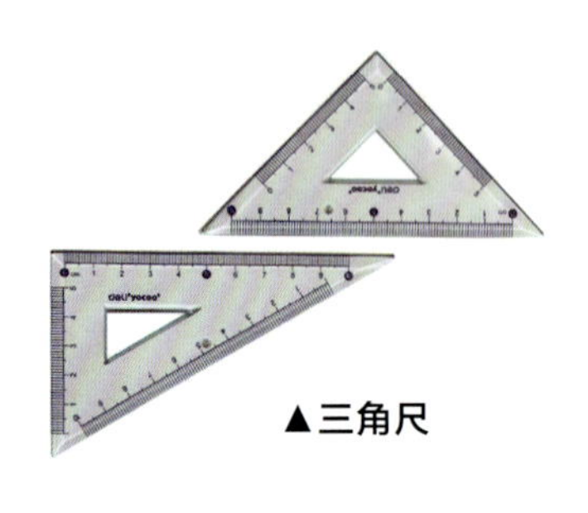

▲三角尺

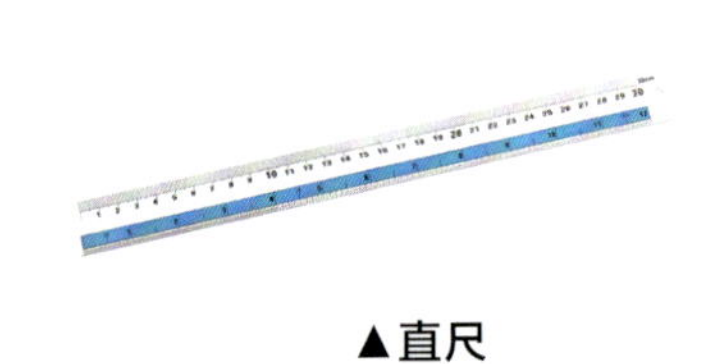

▲直尺

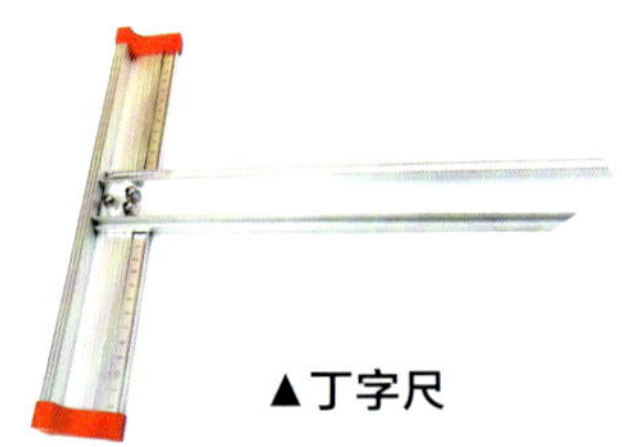

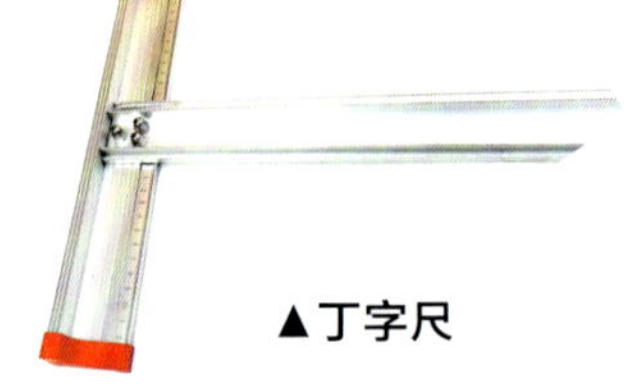

▲丁字尺

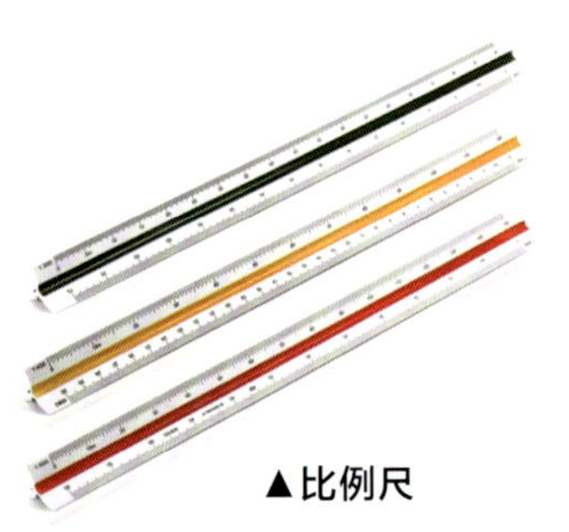

▲比例尺

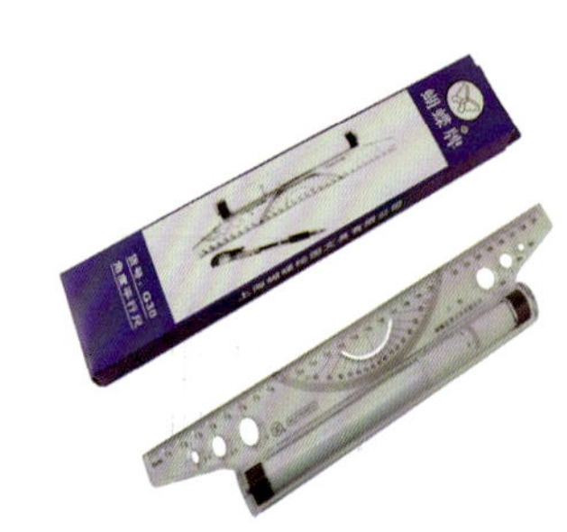

▲平行尺

2. 橡皮

橡皮可分为软质、硬质与可塑三种。软质橡皮使用得最多，用于擦除较浅的铅笔轮廓；硬质橡皮用于擦除纸面被手指摩擦污染的痕迹；可塑橡皮可以减弱用彩色铅笔绘制的密集线条。对于有一定绘画经验的设计者而言，一般很少用到橡皮。但是，常备橡皮能方便修改细节，保持画面干净、整洁。

▲软质橡皮

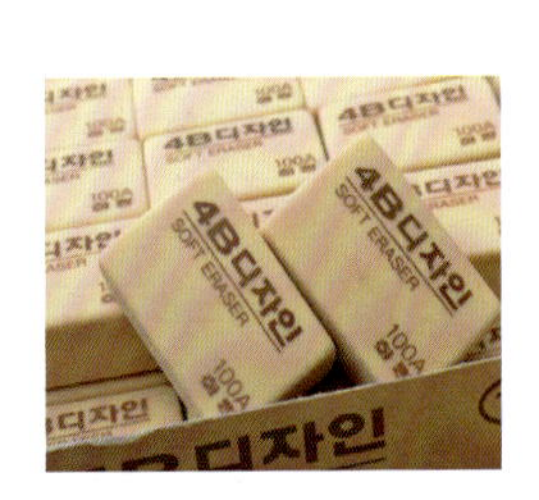

▲硬质橡皮

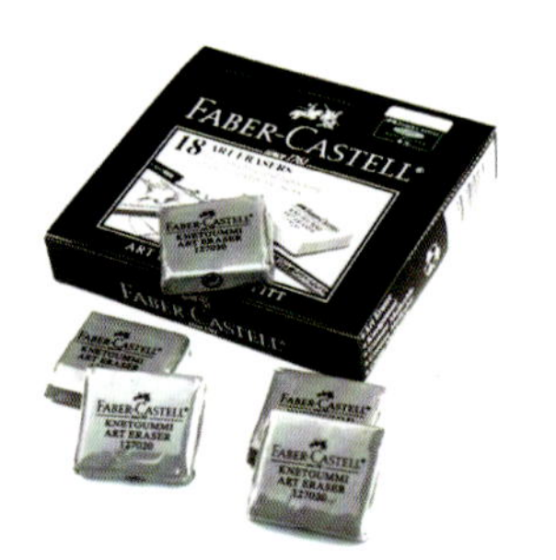

▲可塑橡皮

02

基本要素

识别难度

★★☆☆☆

核心概念

线条练习、一点透视、两点透视、三点透视。

章节导读

本章介绍正确的握笔姿势、基本技法、基础透视方法。掌握严谨的透视方法才能完美表现效果图的形体结构，为后期着色奠定良好基础。

2.1 正确的用笔姿势

第2天 形体练习

对各种线条进行强化训练，掌握长直线的绘画方式，严格控制线条交错的部位，要求圆弧线、自由曲线能一笔到位。无论以往是否系统地学过透视，现在都要配合线条的练习重新温习一遍，透彻理解一点透视、两点透视、三点透视的原理。

手绘效果图时需要注意握笔姿势。握笔时，笔尽量放平，笔尖与纸面保持一定角度。小指轻轻放在纸上，压低笔身，再开始画线，这样可以让手指作为一个支撑点，能够稳住笔尖，画出比较直的线条。握绘图笔或中性笔的手法与普通书写时无差异。画横线时，手臂要随着手一起运动；画竖线时，运用肩部来移动，短的竖线可以用手指来移动，这样才能保证画线时又快又直。当基础手绘练习得比较熟练时，可以让笔尖离纸张远一点，从而提高手绘速度。运笔时要控制笔的角度，保证倾斜的笔头与纸张全部接触。正面握笔角度为45° 左右，侧面握笔角度为75° 左右。

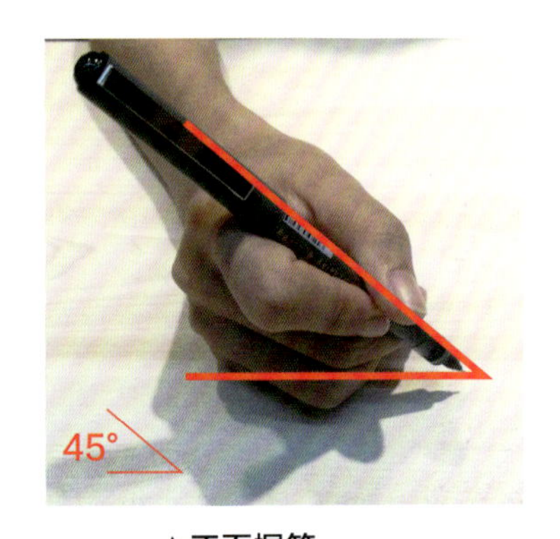

▲正面握笔

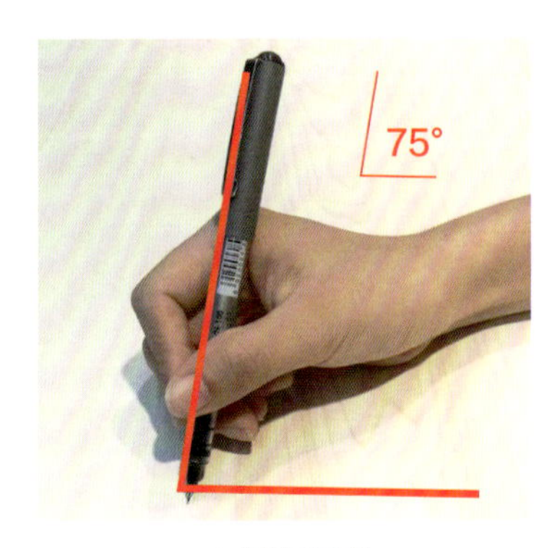

▲侧面握笔

2.2 线条表现技法

线条是塑造表现对象的基础，几乎所有的效果图表现技法都需要一个完整的形体结构。线条结构表现图的用途很广泛，涉及设计工作的方方面面，如收集素材、记录形象、设计草案、图面表现等。掌握严谨正确的绘制方法需要长期训练。为了快速提高线条表现水平，可以抓住生活中的瞬间场景，绘制一些空间形体，有助于更加熟练地表现线条。

2.2.1 线条

线条是手绘效果图表现的基本构成元素，也是造型元素中重要的组成部分。空间的结构转折、细节处理都是通过线条来体现的，不同的线条代表着不同的情感色彩，画面的氛围控制也与不同线条的表现有着紧密的关系。在表达过程中，绘制出来的线条可以表现轻重和疏密。在表达空间时，线条能够提示界限与尺度。在表现光影时，线条能反映亮度与发散方式。线条是手绘的根本，也是学习手绘的第一步。

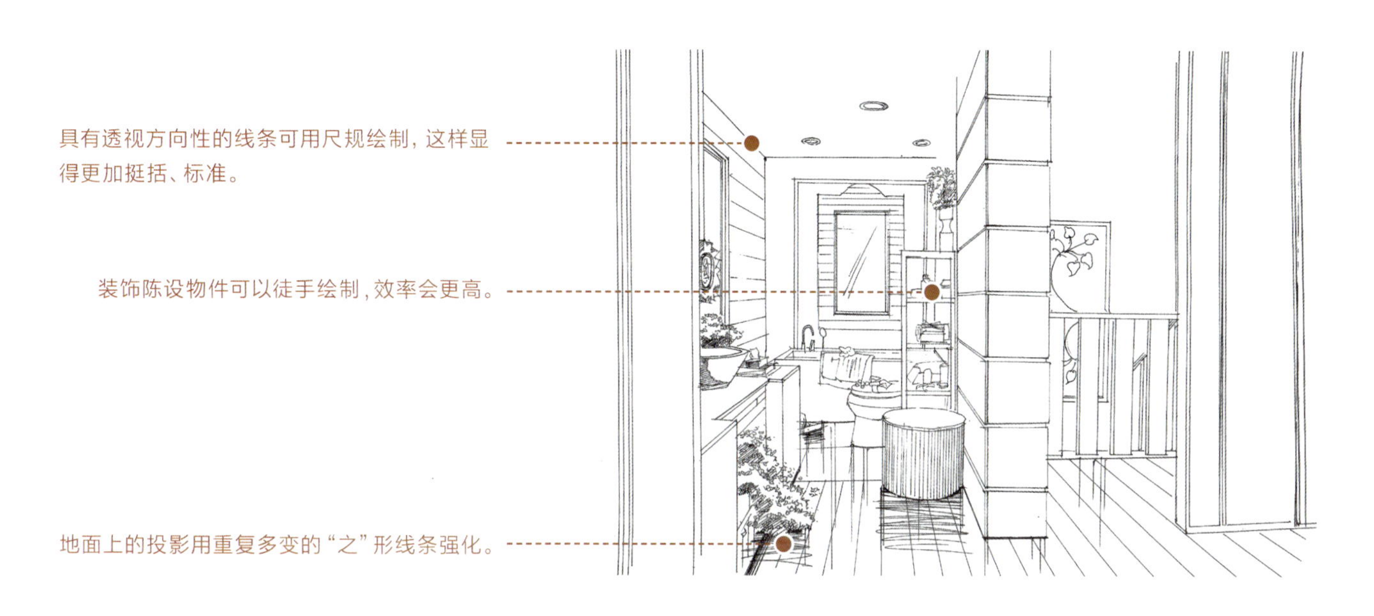

具有透视方向性的线条可用尺规绘制，这样显得更加挺括、标准。
装饰陈设物件可以徒手绘制，效率会更高。
地面上的投影用重复多变的“之”形线条强化。

要想快速提升手绘设计水平，应当系统掌握线条的特性。各种线条的组合能排列出不同的效果，线条与线条之间的空白能形成视觉差异，表现出不同的材质感觉。考生也可以直接在空间中练习，通过画面的空间关系控制线条的疏密、节奏，体会不同的线条对空间氛围的影响，不同的线条组合、方向变化、运笔急缓、力度把握等都会产生不同的画面效果。此外，经常用线条表现一些环境物品，将笔头练习当作生活习惯，可以快速提高表现能力，树木、花草、家具都是很好的练习对象。

绘制线条时不要心急，切忌连笔、带笔，笔尖与纸面最好保持 75° 左右，使线条均匀一致。绘制长线条时不要一笔到位，可以分为多段线条来拼接，接头处留有空隙，但空隙的宽度不宜超过线条的粗度。线条过长可能会难以控制它的直度，可以先用铅笔作点位标记，再沿着点位标记来连接线条，绘图笔的墨水线条最终会遮盖这些点位标记。绘制整体结构时，外轮廓的线条应该适度加粗作以强调，尤其是转折和地面投影部位。掌握多种线条的绘制技法是设计者必须具备的本领。

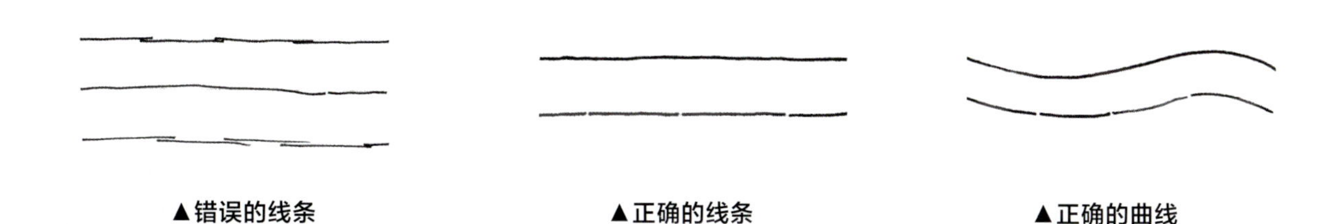

▲错误的线条　　▲正确的线条　　▲正确的曲线

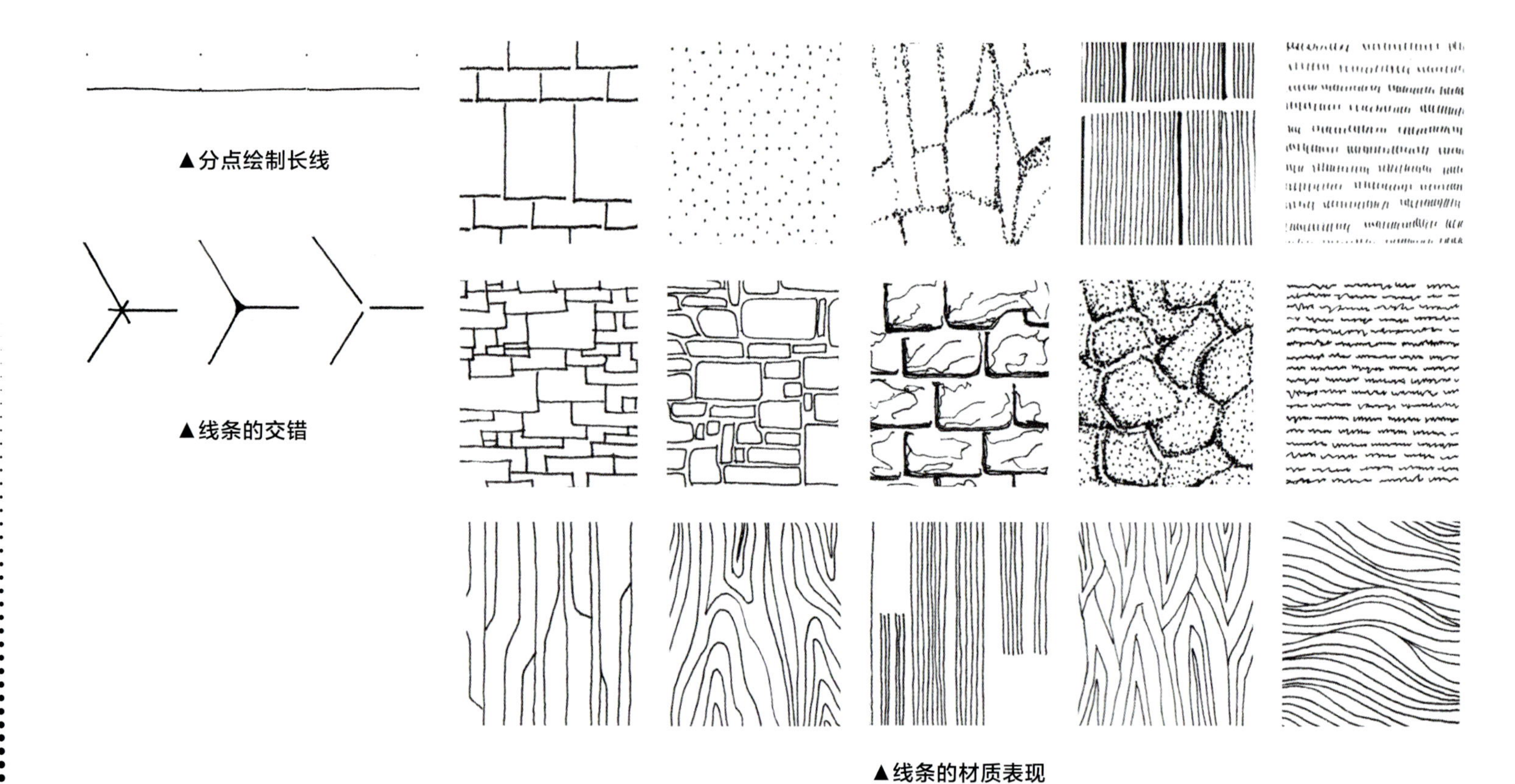

▲分点绘制长线

▲线条的交错

▲线条的材质表现

平行曲线很难完全画平行，可以每两条线为一组，每组之间保持一定间距。

床上用品采用较挺括的弧线绘制，不仅显得自然，又与床相匹配。

地面投影用密集的平行线绘制。

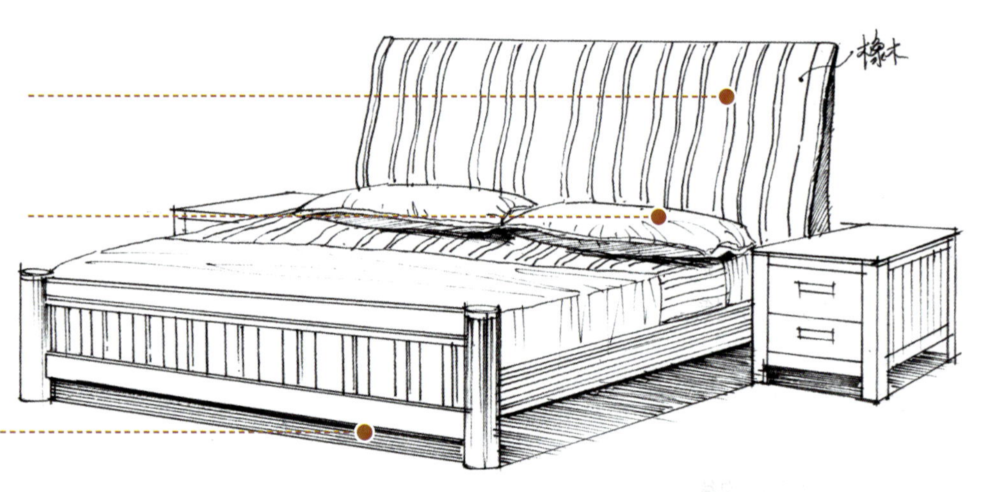

▲床的线稿

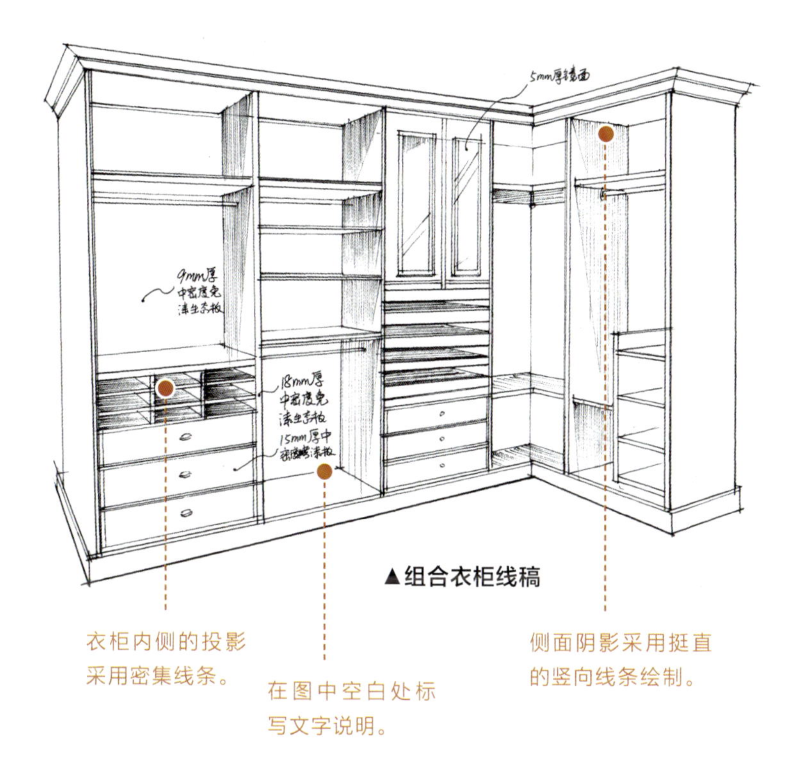

▲组合衣柜线稿

皮革缝线采用平行线，徒手绘制时保持一定间距，不能重合或交错。

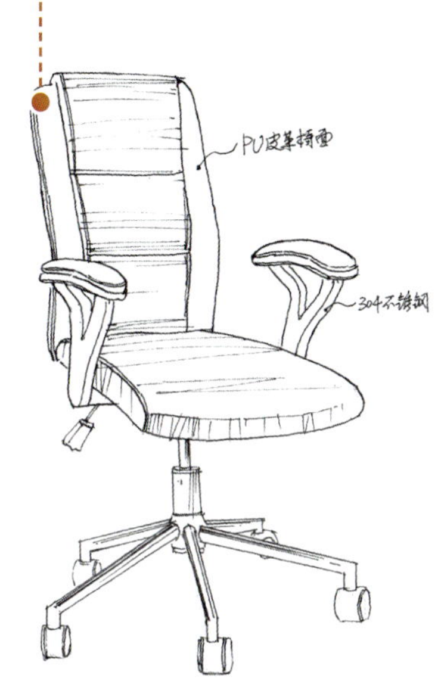

▲椅子线稿

手绘贴士

波浪线适用于绿化植物、水波等配景的表现，也可以密集排列，形成较深的层次。绘制波浪线时尽量控制好每个波浪的起伏大小，让其保持一致。波峰之间的间距保持一致。同时将线条粗细保持一致即可。

2.2.2 直线

直线在徒手表现中最为常见，也是最主要的表达方式，大多数形体都是由直线构成的，因此，掌握好直线的表现技法很重要。直线的表达方式有两种，一是尺规，二是徒手。这两种表现形式可根据不同情况进行选择。

慢线比较容易掌握，画慢线时如果眼睛盯着笔尖画，画出的线条就会不够灵动。但是如果构图、透视、比例等关系处理得当，慢线也可以表现出很好的效果。快线所表现的画面比慢线更具视觉冲击力，画出来的图更加清晰、硬朗，富有生命力和灵动性，但是较难把握。画快线是一气呵成的，但是容易出错，修改不方便。画出来的线条一定要直，并且干脆利索、富有力度，逐渐增加线的长度，并提高画线的速度，循序渐进，就能提高徒手画线的能力，画出既有活力又直的线条。

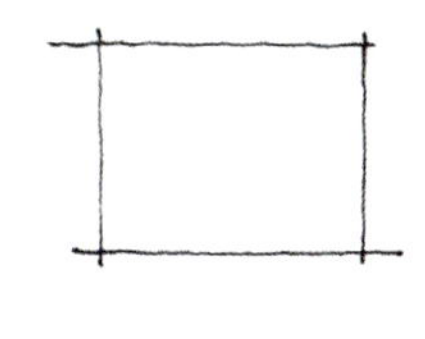

▲慢线

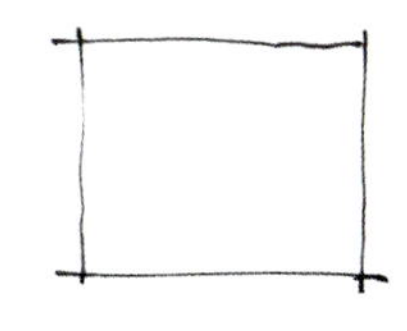

▲快线

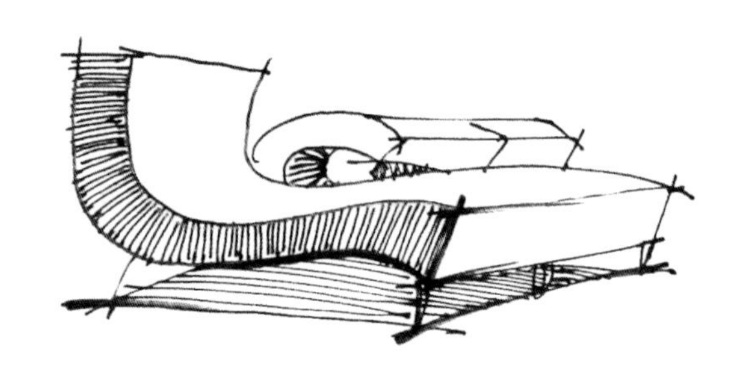

▲慢线绘制沙发

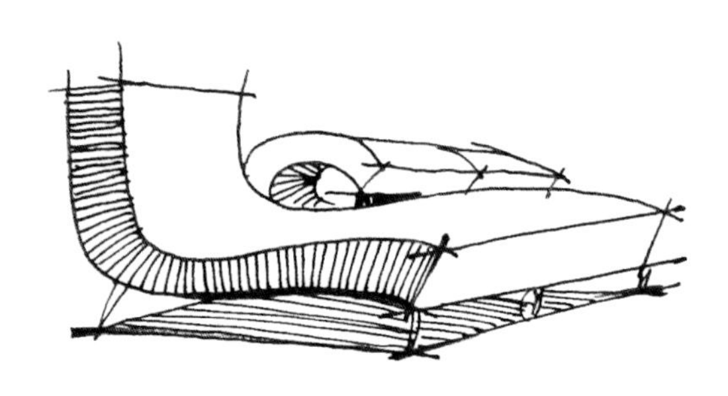

▲快线绘制沙发

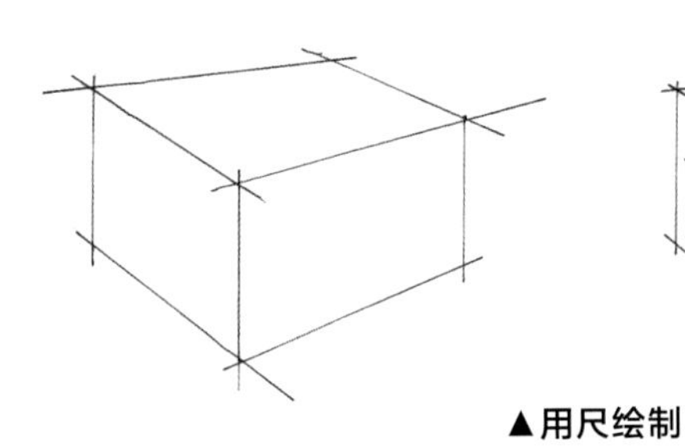
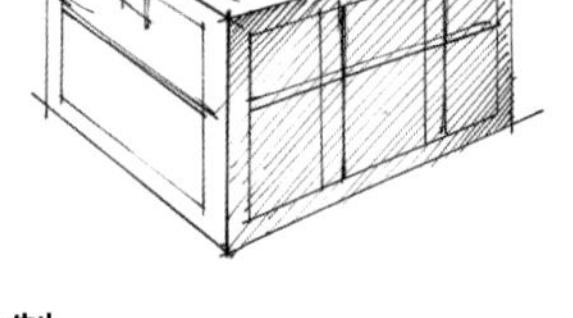
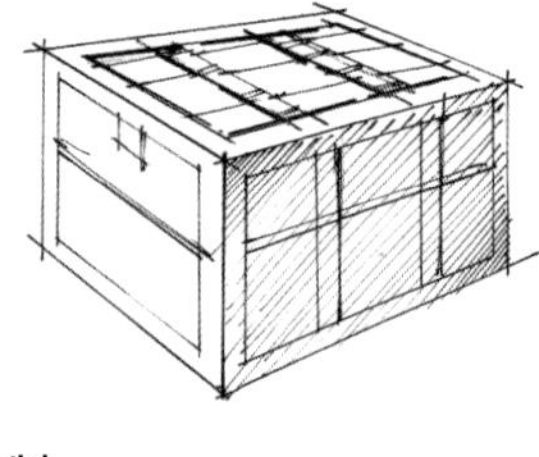

▲用尺绘制

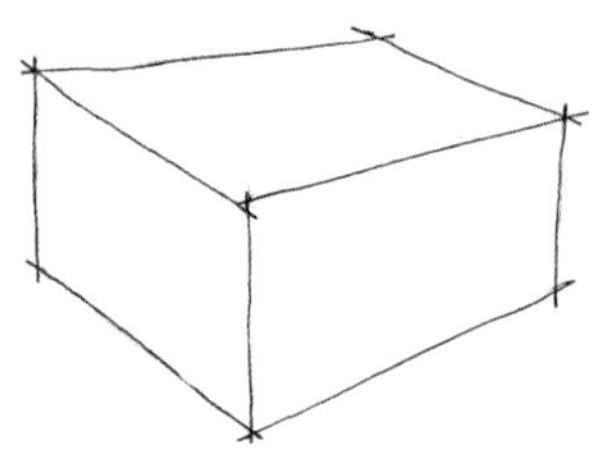

▲徒手绘制

徒手画直线时，初学者因为害怕不敢下笔，慢慢悠悠地画，画出来的线条很呆板。徒手绘画出来的直线，虽然没有尺规的效果，但是它有其独特的魅力，运笔速度快、刚劲有力、小曲大直。绘制直线时，起笔和收笔非常重要。起笔和收笔的笔锋能够体现绘画者的绘画技巧以及熟练程度。不同的起笔和收笔力度往往能表现绘画者的绘画风格。

▲直线的起笔与收笔

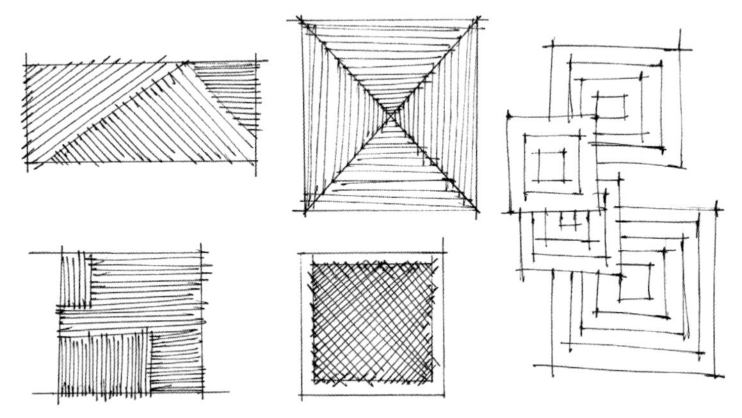

▲长短直线练习

注意起笔要顿挫有力，运笔时要匀速，收笔时要稍做停顿。注意两根线条交接的地方要略强调交点，稍稍出头，但不要过于强调交叉点，否则会导致线条凌乱。画长线的时候最好分段画。因为注意力集中的时间不会很长，所以可以考虑把长线分成几段短线来画，这样肯定会比一口气画出的长线直。分段画的时候，短线之间需要留一定的空隙，不能连在一起。

画交叉线时要注意两条线一定要有明显的交叉，最好是反方向延长的线，我们才能看得清。这样做交叉是为了防止两条线的交叉点出现墨团，交叉的方式也给了绘画者延伸的想象空间。

▲交叉直线

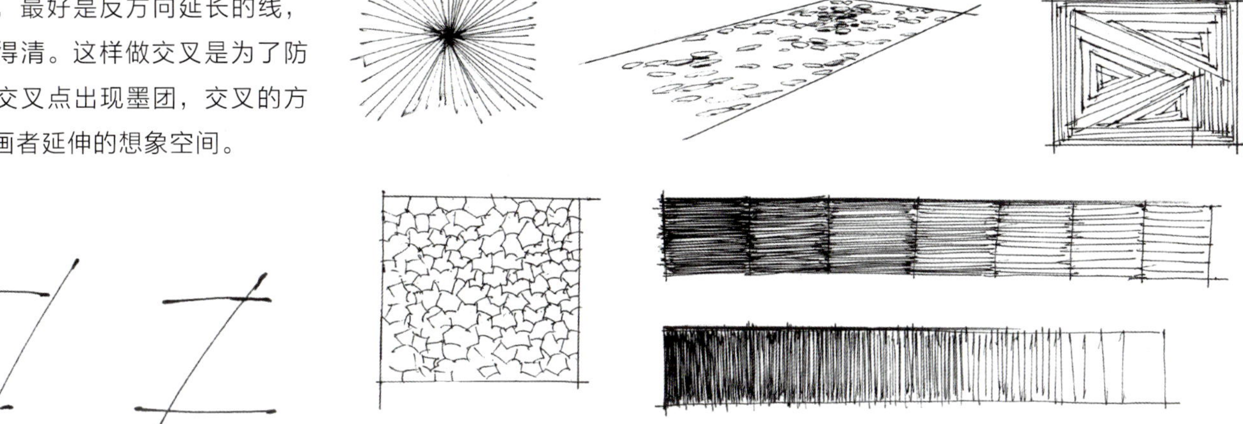

手绘贴士

慢线一般用于效果图中的主要对象，或是位于画面中心的对象，这些对象都是描绘的重点，画慢线时需要找准比例和透视。快线一般用于效果图中的次要对象，或是位于画面周边的对象，这些对象基本属于配饰。快线能提高绘制速度，同时形成一气呵成的流畅效果。在绘制曲线与乱线时要灵活把握快、慢线的使用方法。

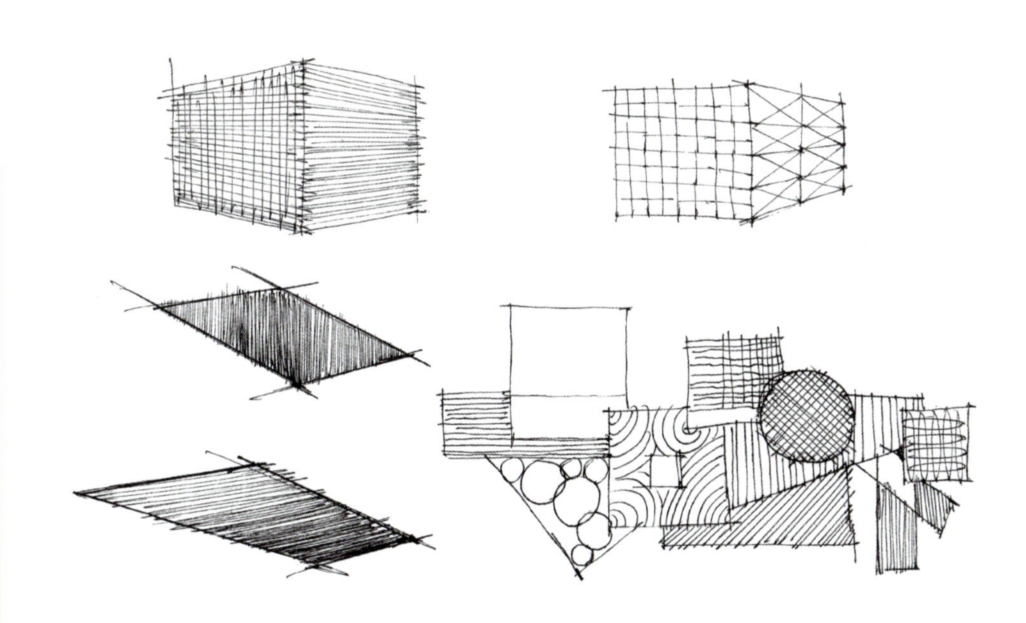

▲多样线条练习

2.2.3 曲线

曲线是学习手绘过程中重要的环节，使用广泛，且运线难度高，它体现了整个表现过程中的活跃因素，在练习过程中熟练灵活地运用笔与手腕之间的力度，可以表现出丰富的线条。画曲线要根据画面情况而定，曲线和长线一样，需要分段画，才能把比例画得比较好。如果一气呵成，比例可能失调，修改也不方便。如果是很细致的图，为了避免画歪、画斜而影响画面整体效果，我们可以采用慢线。熟练地绘制曲线需要一定的功底，需要大量的练习，才能熟练掌握手绘基础。

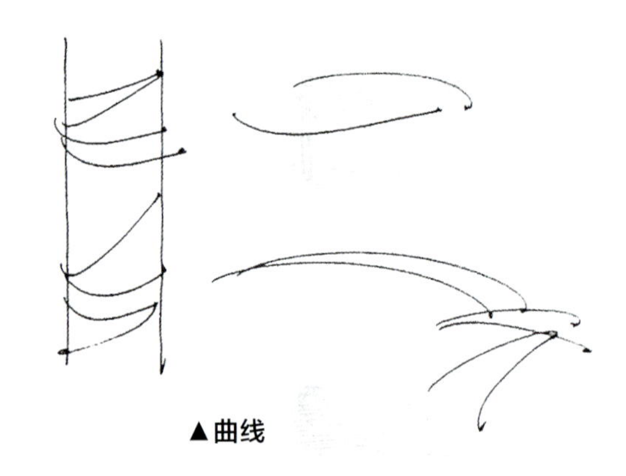

▲曲线

2.2.4 乱线

乱线在表现植物、纹理、阴影等的时候会运用得比较多。画乱线有一个小技巧：直线曲线交替画，画出来的线条才会既有自然美，又有规律美。

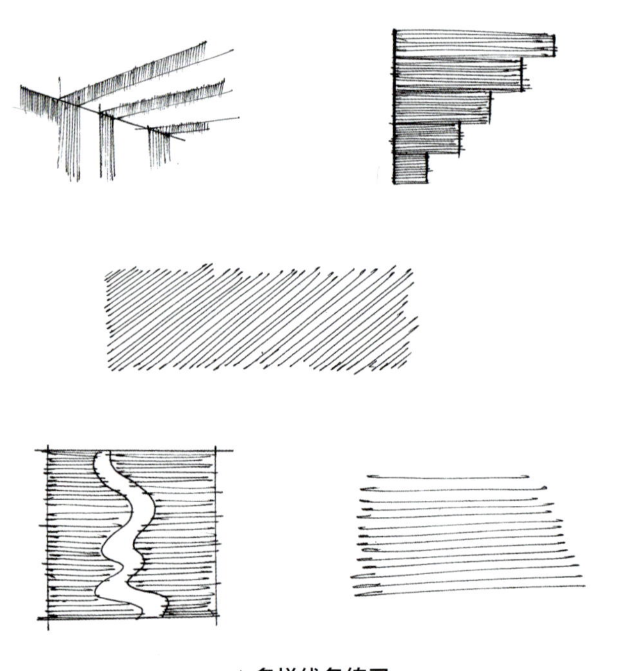

▲多样线条练习

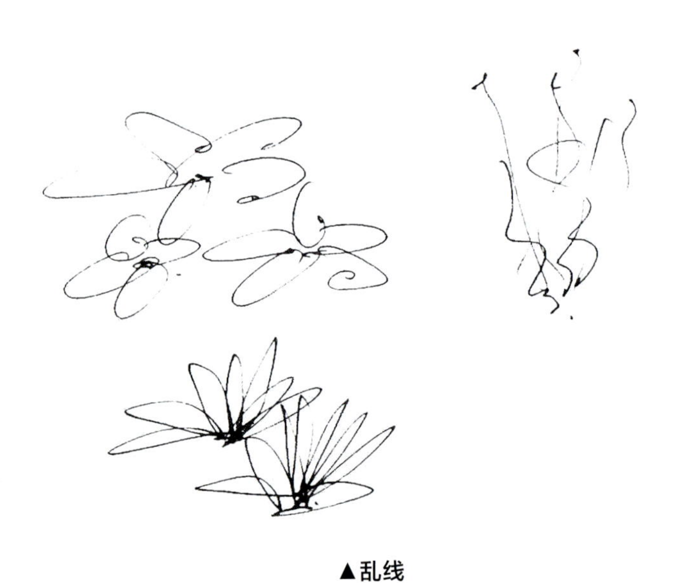

▲乱线

▲多样线条练习

手绘贴士

尺规绘制一般用于幅面较大且形体较大的效果图中的主要对象，如 A3 以上幅面且位于画面中心的表现对象。徒手绘制一般用于幅面较小且形体较小的效果图中的次要对象。

2.3 透视绘制技法

透视是手绘效果图中最重要的部分。透视原理和快速表现是学习手绘的入门基础课程，透视学习可以让初学者快速掌握手绘效果图的基本要点，能快速达到手绘草图的基本要求。透视的要素为近大远小、近实远虚、近明远暗、近高远低。

视点是人眼睛的位置。视平线是由视点向左右延伸的水平线。视高是视点和站点的垂直距离。视距是站点（视点）离画面的距离。灭点也称“消失点”，是空间中相互平行的透视线在画面上汇集到视平线上的交叉点。高线是建筑物的高度基准线。

以上是透视的常见名词，在各种透视中都是通用的，也是必不可少的，要理解性地去记忆。

视点和视平线的选择定位是决定一幅手绘效果图好坏的重要因素，根据画面的设计需要选择合适的构图形式。构图与审美有紧密的联系，要提升绘画及设计水平首先要提高审美眼光。手绘效果图的基础就是塑造设计对象形体的基础，对象形体表达完整了，效果图表现才能深入下去，透视原理是正确表达形体的要素。

透视主要有三种方式：一点透视（平行透视）、两点透视（成角透视）和三点透视。在一点透视中，观察者与面前的空间平行，只有一个消失点，所有的线条都从这个点投射出去，设计对象呈现四平八稳的状态，有利于表现空间的端庄感和开阔感。在两点透视中观察者与面前的空间形成一定的角度，所有的线条源于两个消失点，即左消失点和右消失点，它有利于表现设计对象的细节和层次。三点透视很少使用，它与两点透视类似，只是观察者的脑袋有点后仰，就好像观察者在仰望一座高楼，它适合表现高耸的建筑和广阔的室内空间。

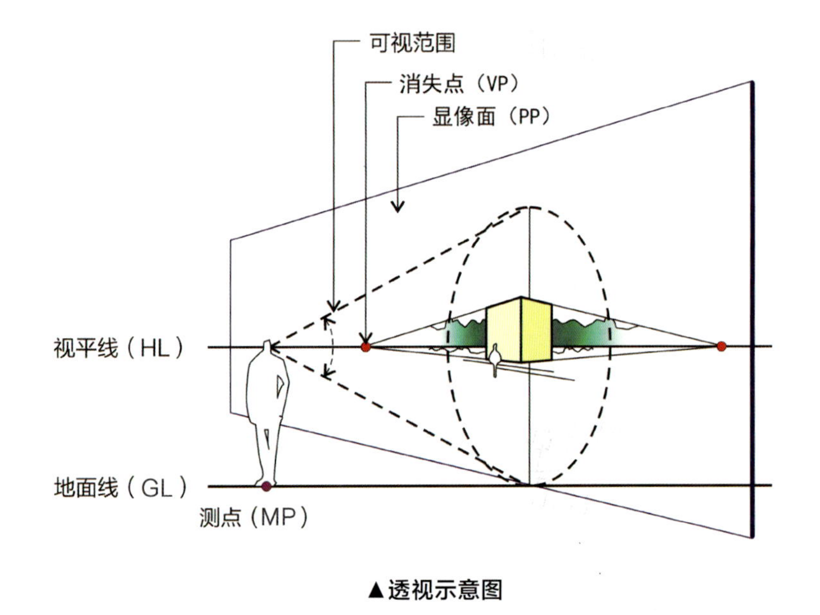

▲透视示意图

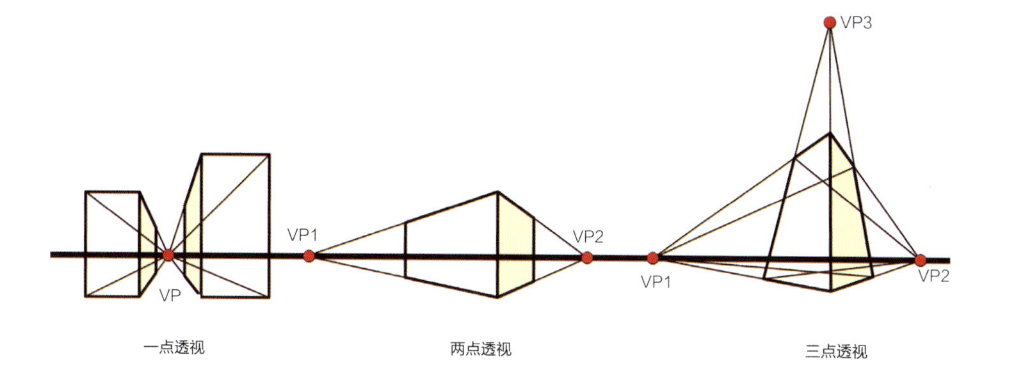

▲透视的种类

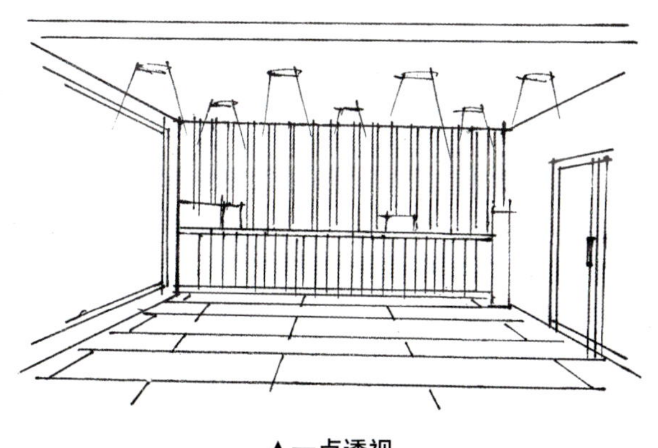

▲一点透视

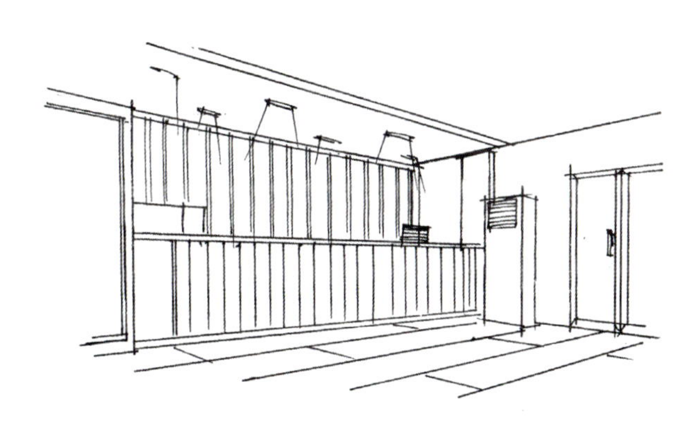

▲两点透视

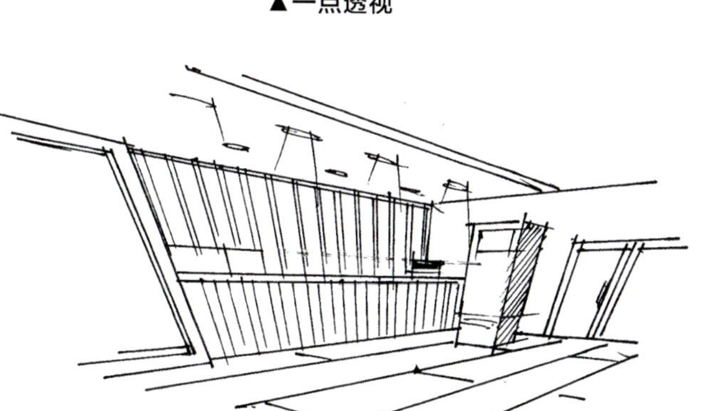

▲三点透视

手绘贴士

无论以往是否系统地学过透视，现在都要配合线条的练习重新温习一遍，对透视原理知识进行巩固。透彻领会一点透视、两点透视、三点透视的生成原理。先对照本书绘制各种透视线稿，再根据自己的理解能力独立绘制一些室外景观小品、建筑的透视线稿。最初练习时绘制幅面不宜过大，一般以 A4 为佳。

2.3.1　一点透视

一点透视又称为平行透视，只有一个消失点。一点透视是当人正对着物体进行观察时所产生的透视范围。一点透视中人是对着消失点的，物体的斜线一定会延长相交于消失点，横线和竖线一定是垂直且相互间是平行的。通过这种斜线相交于一点的画法可以画出近大远小的效果。一点透视是室内效果图最常用的透视方法，它的原理和步骤非常简单，有较强的纵深感，很适合用于表现庄重、对称的空间。

（1）视平线的位置。视平线是定位透视时不可缺少的一条辅助线，而消失点正好位于视平线的某个位置上，视平线的高低决定了空间视角的定位，一点透视的消失点在视平线上稍稍偏移画面 1／3至1／4适宜。在室内效果图表现中，视平线一般定位在整个画面偏下 1／3 的位置。

（2）消失点的位置。一点透视的消失点原则上位于基准面的正中间，但是在表现画面的时候，如果消失点位置过于正中，就会显得比较呆板。这需要根据具体空间类型而定。

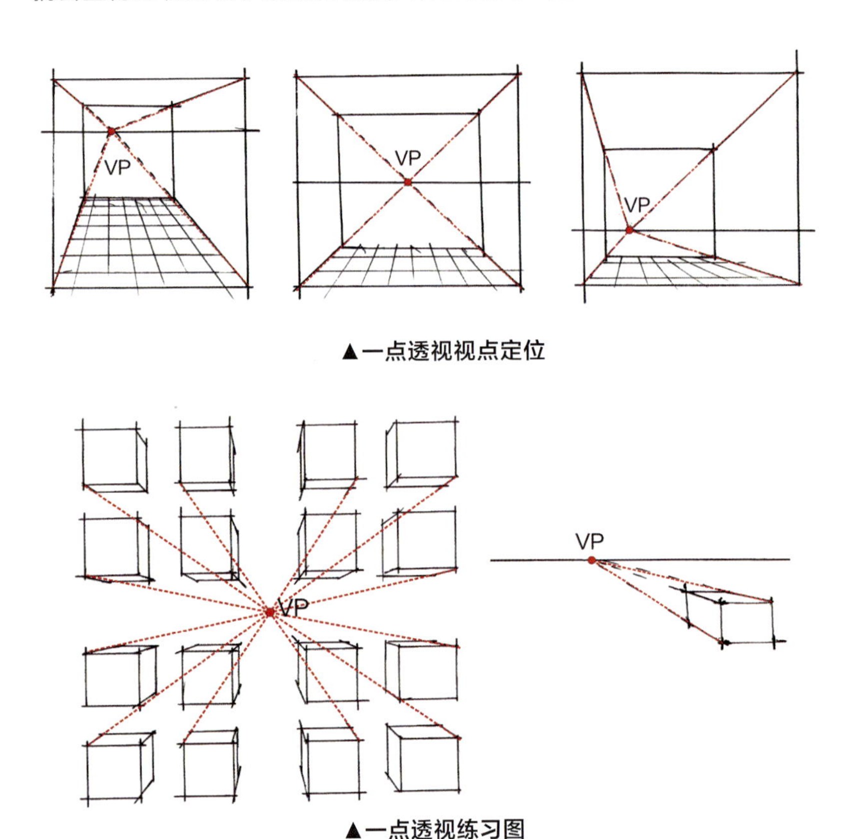

▲一点透视视点定位

▲一点透视练习图

手绘贴士

学习手绘效果图时，不仅要练习基础线条，最重要的是要学会透视原理。透视原理不难理解，但是真正画起来也没那么容易，容易出现各种小错误。学习透视原理时一定不要操之过急，只有先打好基础，才能画出符合基本规律的效果图，从而发挥我们自己的创意与灵感。因为室内设计手绘效果图和艺术作品是有区别的，所以只有正确地绘制透视图，才能更好地表现画面效果。

透视的三大要素是近大远小、近明远暗、近实远虚。离人越近，物体画得越大；离人越远，物体画得越小。但是要注意比例。不平行于画面的线条，其透视交于一点。

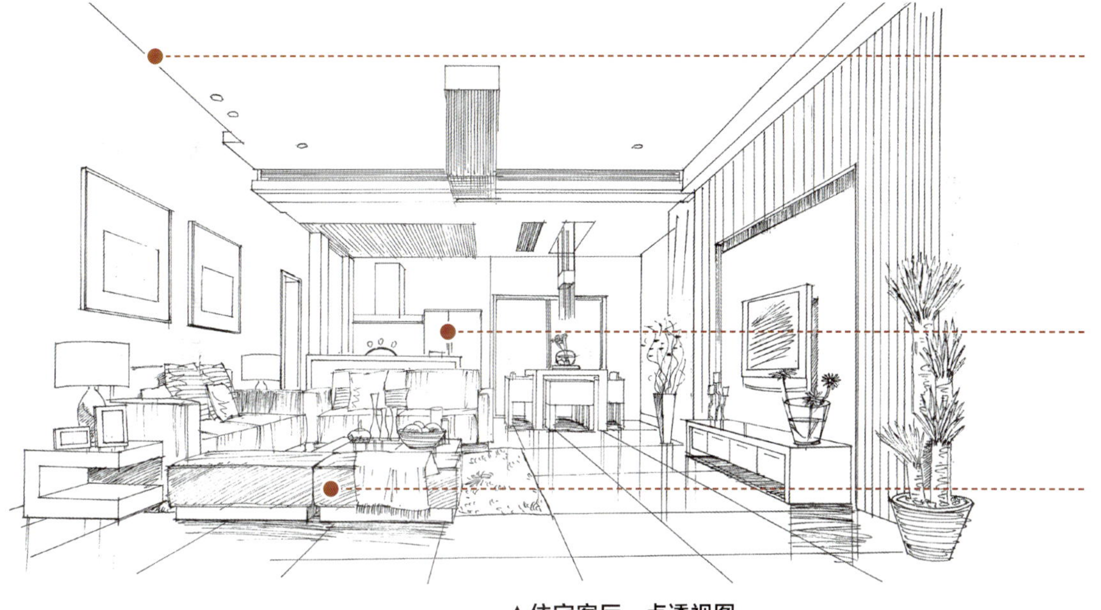

具有透视效果的线条应当干净、简洁。

主体家具的外部轮廓基本保持平行状态。

暗部用密集的平行线绘制。

▲住宅客厅一点透视图

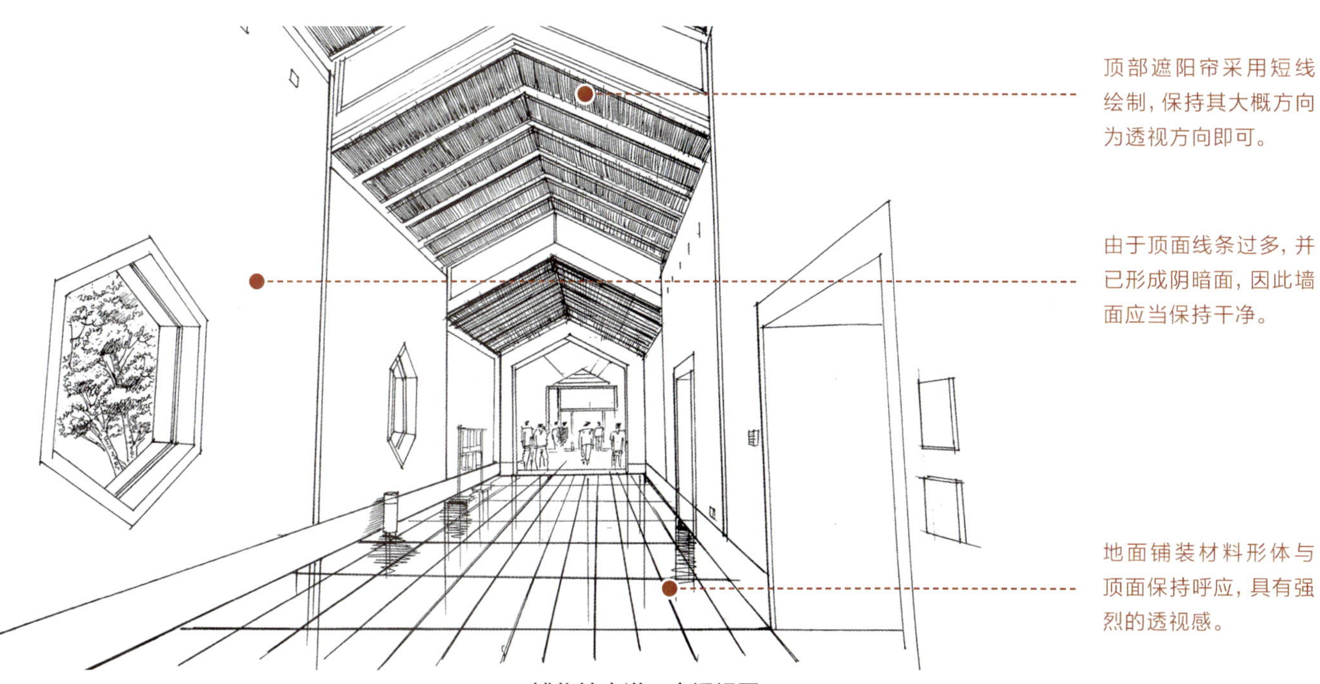

顶部遮阳帘采用短线绘制，保持其大概方向为透视方向即可。

由于顶面线条过多，并已形成阴暗面，因此墙面应当保持干净。

地面铺装材料形体与顶面保持呼应，具有强烈的透视感。

▲博物馆走道一点透视图

2.3.2　两点透视

两点透视也称为成角透视，在一点透视中，所有的斜线消失于一点上。而在两点透视中，斜线分别相交于左、右消失点上，物体的对角正对着人的视线。它的运用范围比较广泛，因为有两个消失点，所以左、右两边的斜线既要分别相交于左、右消失点，又要保证两边的斜线比例正常，运用和掌握起来比较困难。当人站在正面的某个角度看物体时，就会产生两点透视。两点透视更符合人的正常视角，比一点透视更加生动、实用。

应该注意透视的两个消失点处于地平线上，消失点不宜离得太近。两点透视空间中的真高线（两面墙体的转折线）属于画面最远处的线，因此在画的时候不宜过长，以免近处的物体画不开，一般处于纸面中间 1/3 即可。

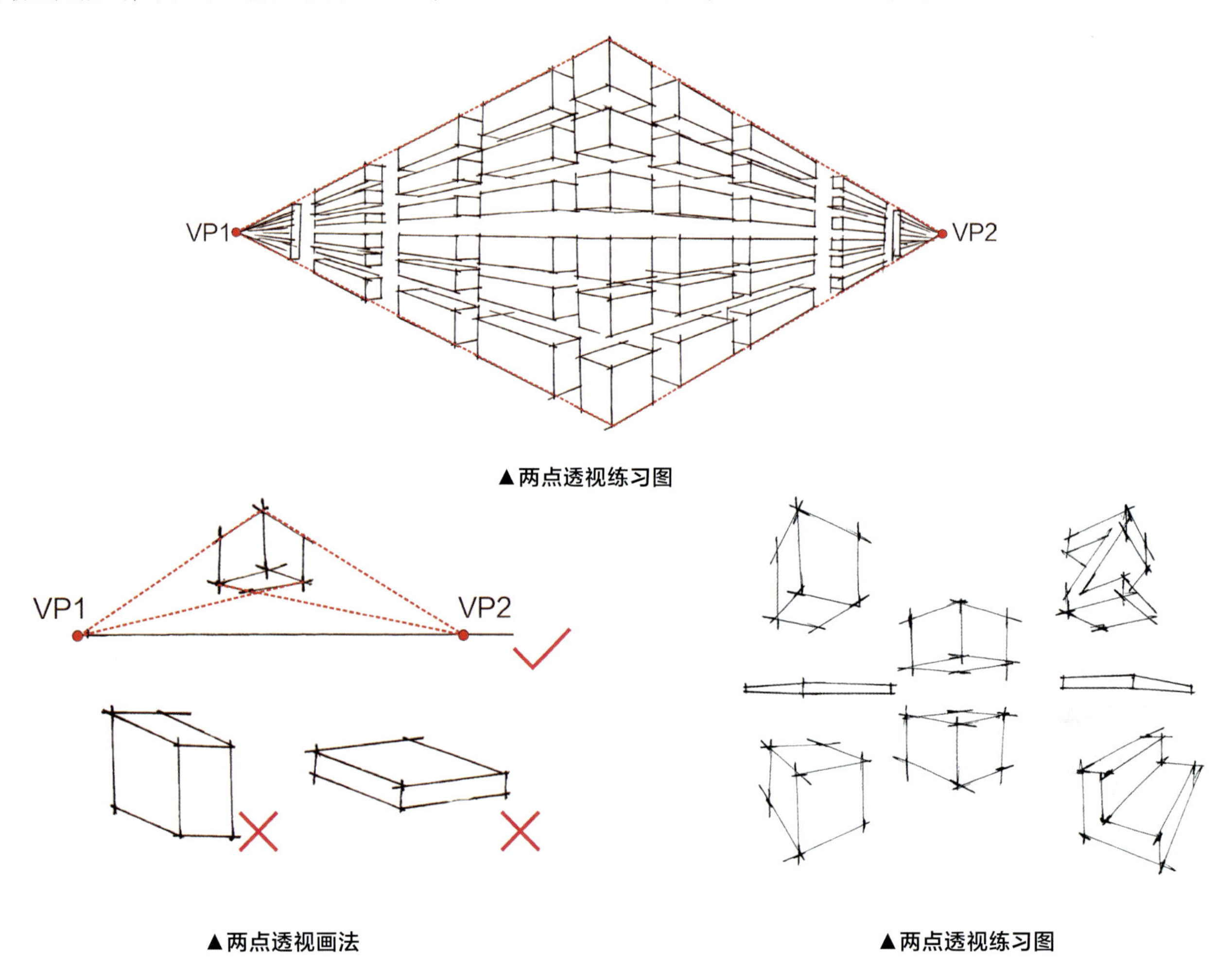

▲两点透视练习图

▲两点透视画法

▲两点透视练习图

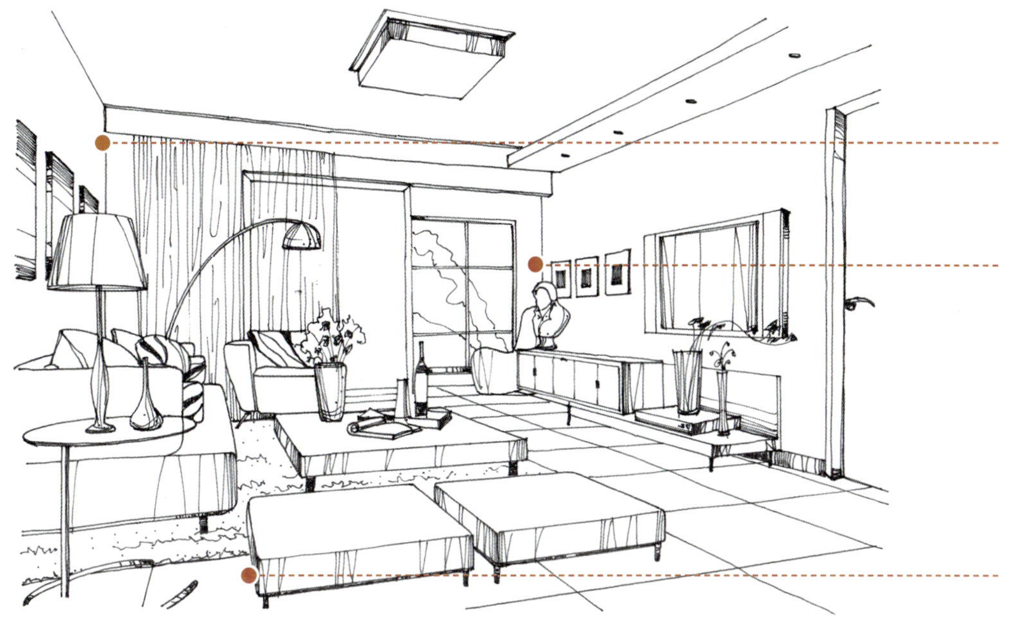

垂直线条保持挺括，边缘轮廓最好单线绘制。

窗户所在的墙面应当保持简洁。

住宅室内透视图的视平线应当位于中间略微偏下，这样地面与家具所需要绘制的线条就变少了，可以提高绘图速度。

▲住宅客厅两点透视图

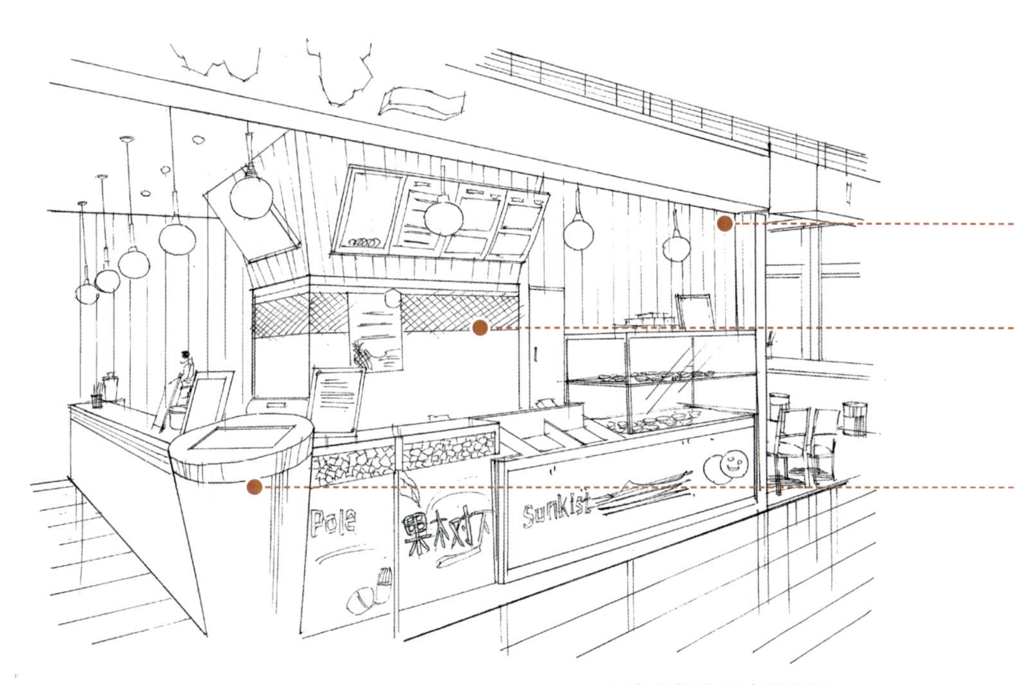

由于商业空间面积较大，选择两点透视角度后，画面边缘的延伸感较强，因此要注意左右两侧构造的取舍。

采用网格线条，选择性地将其中墙面的材质加深。

近处的圆弧线不必太准确，但一定要圆滑。

▲商业柜台两点透视图

如果内空较高，顶部构图应当表现造型细节。
墙面排列垂直线条能表现出明暗层次。
最近处的形体轮廓，一定要细致绘制，这是提升画面层次感的关键。

▲办公室两点透视图

2.3.3　三点透视

三点透视主要用于绘制内空较高的室内空间、俯瞰图和仰视图。三点透视有三个关键要素：第三个消失点必须处于与画面保持垂直的主视线上，且主视线必须与视角的二等分线保持一致。三点透视绘制方法很多，真正应用起来很复杂，在此介绍一种快速、实用的绘制方法。在手绘效果图中，要定位三点透视的消失点比较简单，可以在两点透视的基础上增加一个消失点，这个消失点可以定在两点透视图中左、右两个消失点连线的上方（仰视）或下方（俯视），最终三个消失点的连线能形成一个近似的等边三角形。

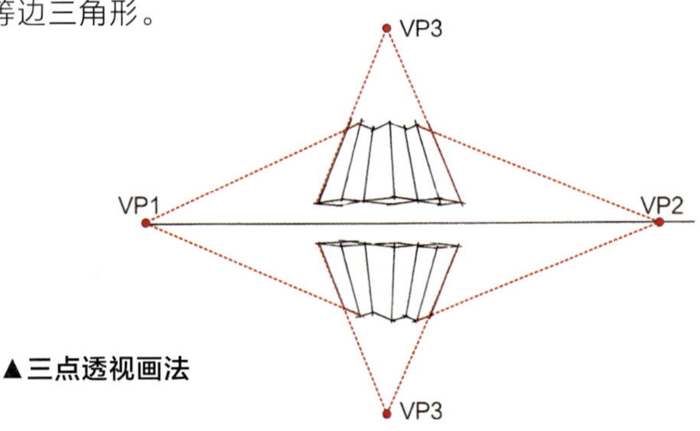

▲三点透视画法

▲家具三点透视图

第3天 前期总结

对前期的练习进行总结，找到自己的弱点加强练习。可以先临摹 2 ~ 3 张 A4 幅面线稿，以简单的小件物品为练习对象。再对照实景照片，绘制 2 ~ 3 张 A4 幅面简单的小件物品线稿。

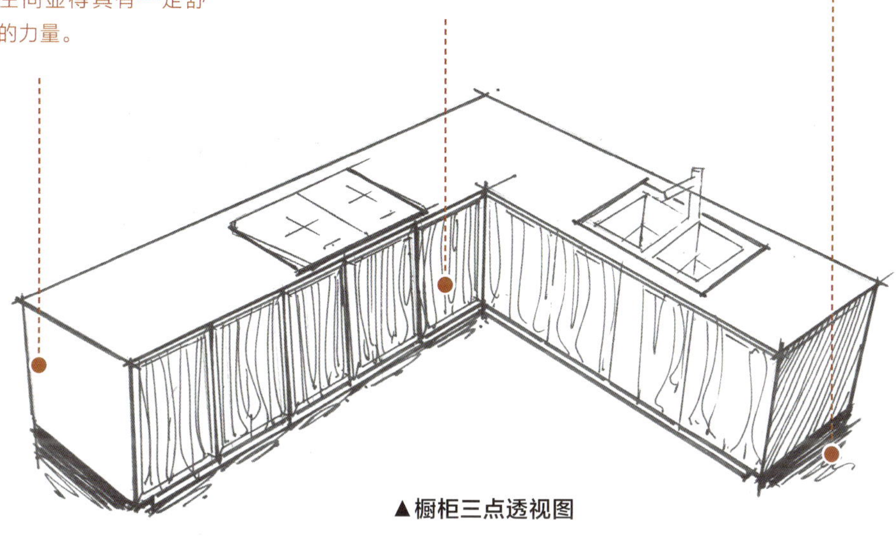

三点透视的第三个消失点在普通层高的室内空间中一般位于底部，能让空间显得具有一定舒展的力量。
强化透视的方向感和存在感可以增强墙面材质的轮廓。
底部适当加深阴影能稳住画面重心。

▲橱柜三点透视图

手绘贴士

在绘图过程中常见的不良习惯有以下 5 种，要特别注意更正。

（1）长期依赖铅笔绘制精细的形体轮廓，导致铅笔绘制时间过长而浪费时间，擦除难度大而污染画面。可以单独练习线条，熟练掌握线条的绘制方法再正式开始绘制效果图。

（2）急忙着色。应先对线条进行强化训练，把握好长直线的绘画方式，严格控制线条交错的部位，对圆弧线、自由曲线的绘制最好能一笔到位。

（3）对形体轮廓描绘和着色的先后顺序没有理清，在短时间内用绘图笔绘制轮廓，用马克笔着色，造成两种笔墨串色，导致画面污染。应当严格理清先后顺序，先绘制轮廓，后着色。

（4）停留在一个局部反复涂绘，总觉得没画好，认为反复涂绘能够挽救画面效果。马克笔选色后涂绘是一次成型的，只能用深色覆盖浅色，而浅色是无法覆盖深色的。

（5）大量使用深色甚至黑色马克笔，画面四处都是深色，没有对比效果。在整体画面中，比较合理的层次关系是按不同的笔触覆盖面积体现的，面积占比分别是 15%深色，50%中间色，30%浅色，5%透白或高光。

在空旷的商业空间中，可以将第三个消失点定位在高处，以加大空间的透视感和延伸感。

为了避免高耸和集中的线条产生拥挤感，可以在画面中上方添加装饰品来遮挡透视线条。

位于画面前方的主要构造需要精细刻画，凸显中心形体的重要性。

底部结构比较舒展，是刻画的重点。

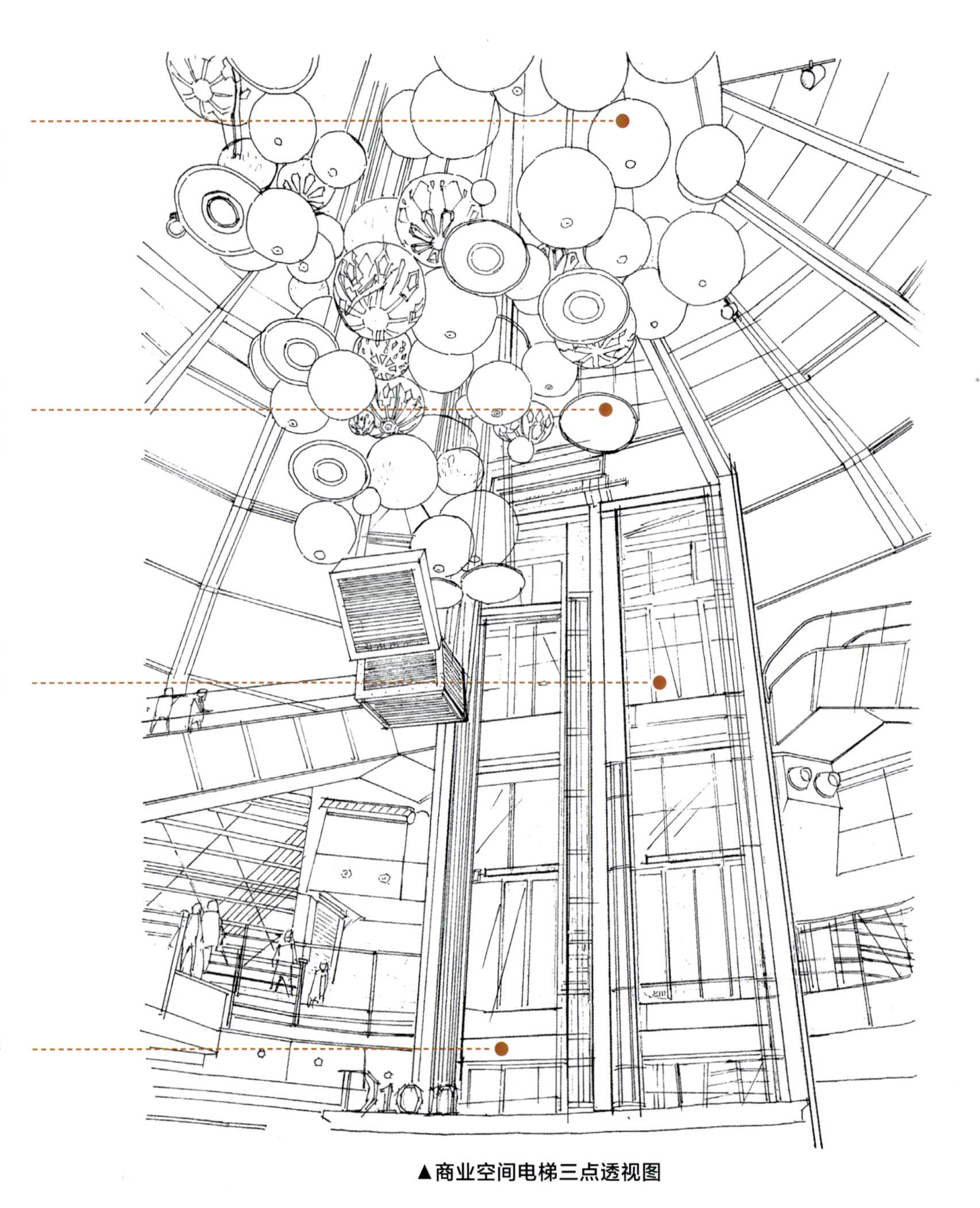

▲商业空间电梯三点透视图

03

线稿表现

识别难度

★★★☆☆

核心概念

单体家具、陈设饰品、绿化植物、空间构造。

章节导读

本章介绍室内空间线稿绘制的基本要领，对室内手绘效果图中常用的单体家具、陈设饰品、绿化植物等进行分类，重点讲解单体线稿与空间线稿的绘制方法，列出部分优秀空间线稿实例作品，并进行深入分析。

3.1 单体线稿表现

第4天 单体线稿

临摹室内各种单体线稿画 2 ~ 3 张 A4 幅面即可，注重单体物件形体的透视比例与造型细节，采用线条来强化明暗关系。再对照实景照片，绘制 2 ~ 3 张 A4 幅面简单的室内单体物品线稿。

前一章对线条的基础练习作了基本介绍，线条在手绘效果图中相当于基础骨架，要提高绘图速度就应当多做强化训练，熟练掌握线稿的绘制方式。

单体是构成空间的基本元素之一，我们在进行整体空间绘制之前，应先对单体进行练习，掌握各种单体的画法，然后逐渐增加难度。

在室内空间中具有实用性的陈设为沙发、茶几、餐桌、书柜、衣柜、床、灯具、电视、电脑、冰箱、洗衣机、马桶、洗手台等。具有装饰性的陈设为壁画、挂画、浮雕、书法作品、摄影作品、陶艺、玉器、玻璃器皿、屏风、盆景、花卉、鸟鱼等。

如果初学者对形体结构不太清楚，可以先用铅笔绘制基本轮廓。表现基本轮廓的线条可以画得很轻，只有自己看得见即可。基本轮廓存在的意义主要是给绘图者建立信心，但是不应将轮廓画得很细致，否则后期需要用橡皮来擦除铅笔痕迹，既浪费时间，同时还会污染画面。比较妥当的轮廓是能被绘图笔或中性笔所绘制的线条覆盖，小部分能被后期的马克笔色彩覆盖。绘制了比较准确的基本轮廓后就一定能将形体画准确，为下一步着色打下良好的基础。

3.1.1 沙发与椅子线稿表现

沙发和椅子是单体中很重要的物体。单人沙发长度为 800 ~ 900mm，宽度为 800 ~ 950mm。椅子的长度为 450 ~ 550mm，宽度为 300 ~ 400mm。

在绘制单体之前，我们可以先将沙发或者椅子想象成几何体，通过几何形态来了解其特点。因为沙发和椅子完全是由方体切割变化而成的。其实，大部分的单体都可以归纳为一个方体或者组合方体。坐垫的高度通常在总高度的 25% ~ 30% 的位置，坐垫比扶手要凸出一些。

靠垫也是室内效果图中重要的组成部分，靠垫的上下线要遵循透视原理。褶皱要随着靠垫鼓起的弧度画。下方宽度要比上方略宽。可以在靠垫上点缀一些花纹图案，使其效果更加丰富。

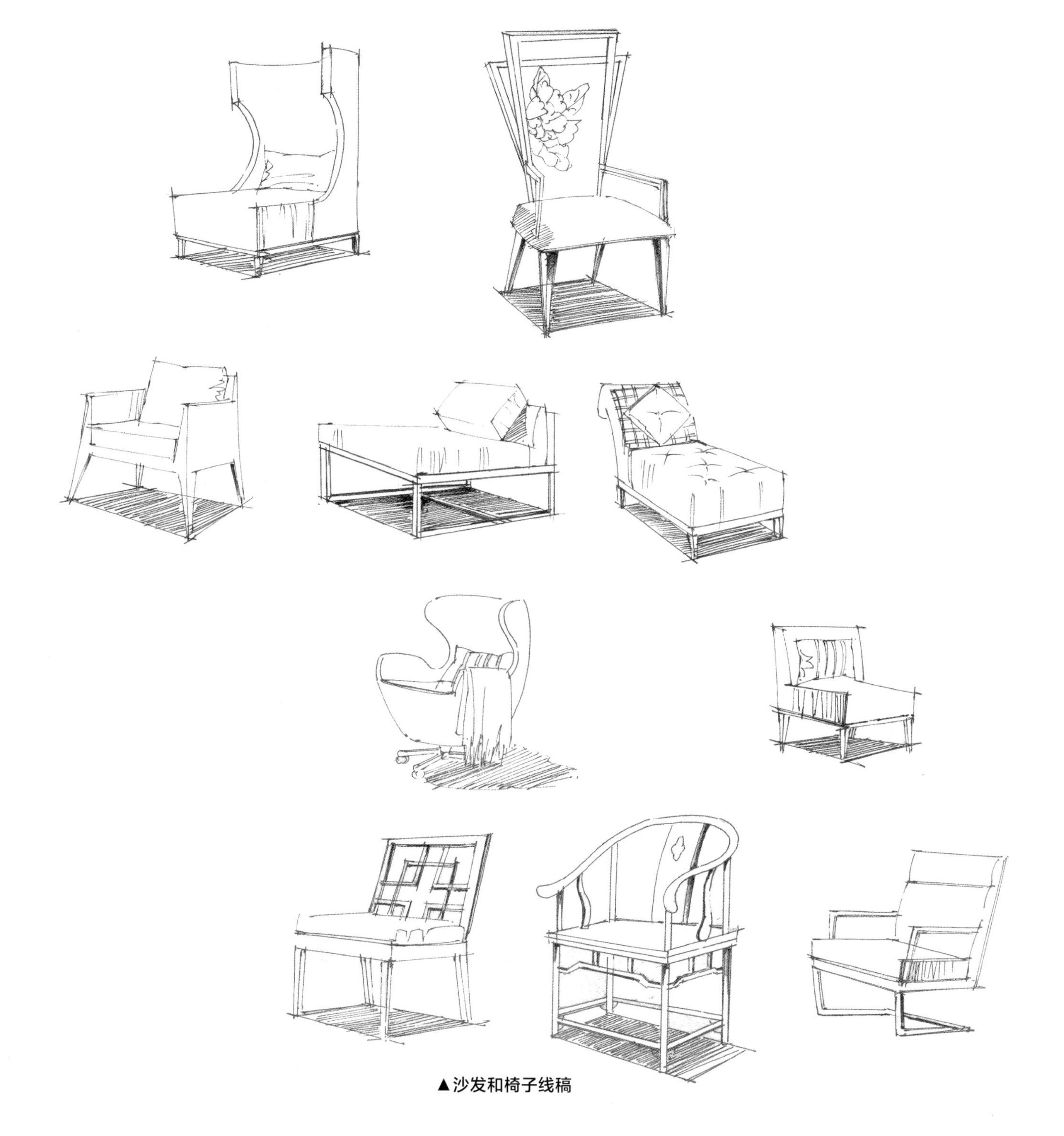

▲沙发和椅子线稿

3.1.2　家电与灯具线稿表现

画家电、灯具时，对称性和透视尤为重要。我们应先透彻地了解形体结构，再去深入刻画。

灯具的画法有的很简单，有的很难，取决于所选择的灯具形态。台灯灯罩的透视要准确，线条要流畅，不要纠结形态和结构，可以采用快线绘制。这些造型大多都是画面中的配景，只要形体结构基本正确，能起到衬托画面效果的作用即可。

▲家电与灯具线稿

3.1.3 画框与背景墙线稿表现

画框、背景墙能起到点缀的作用，可以丰富墙面效果。最难的是处理四条边，要注意透视关系，近大远小，背景墙的边缘要比画框的边缘处理得薄一些。墙体应当用尺规绘制，保持直立感和造型的准确性，画框中的内容可以采用自由曲线绘制。

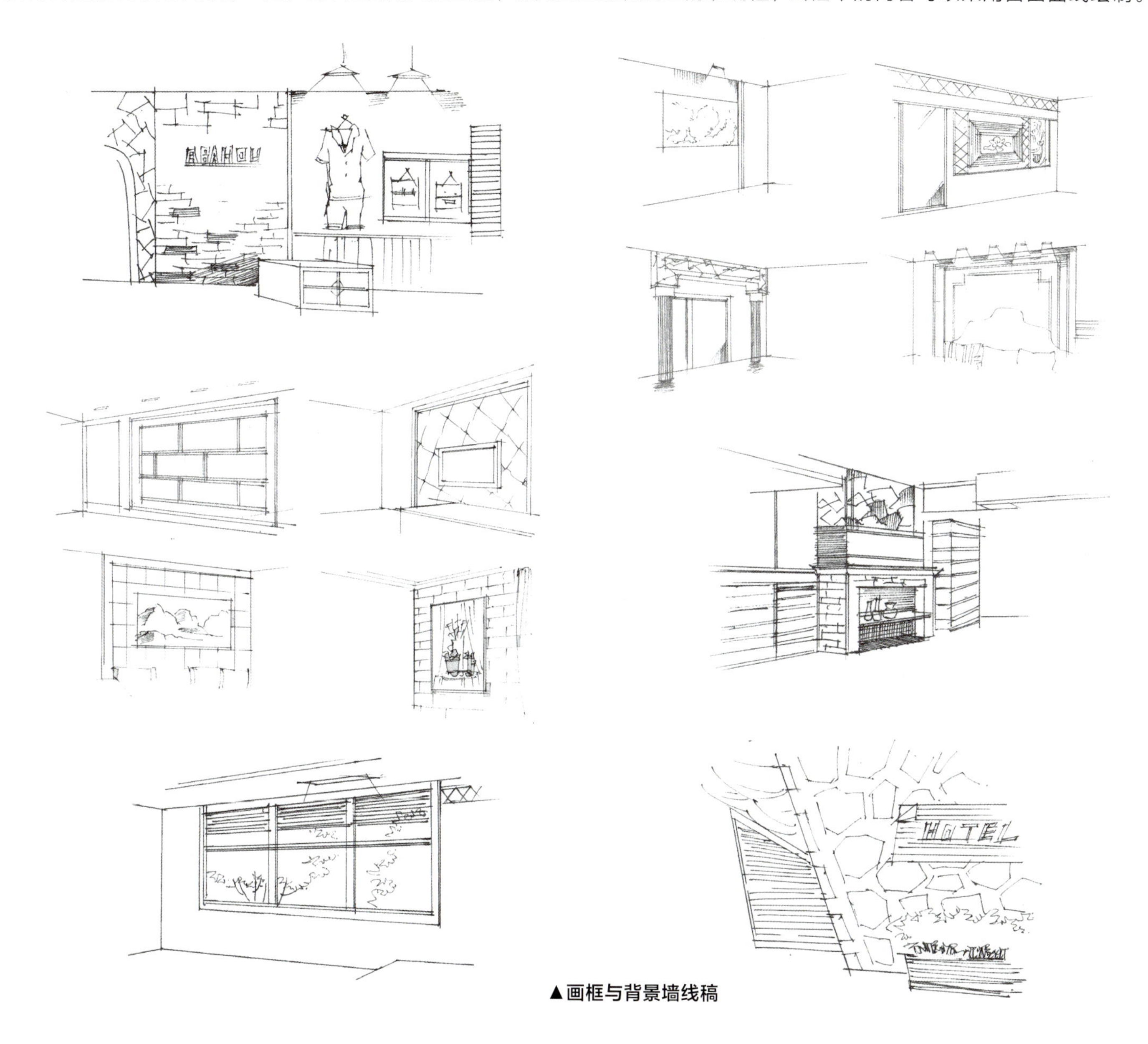

▲画框与背景墙线稿

3.1.4 窗帘线稿表现

窗帘的材质有很多种，按材质可以划分为棉纱布、涤纶布、涤棉混纺、棉麻混纺、无纺布等。不同的材质、纹理、颜色、图案等综合起来就形成了不同风格的窗帘，可以配合不同风格的室内空间。窗帘一般处在画面中比较不起眼的位置，或很远，或在边缘。只要掌握竖线的画法，就能处理好窗帘的质感，线条要穿插得自然。

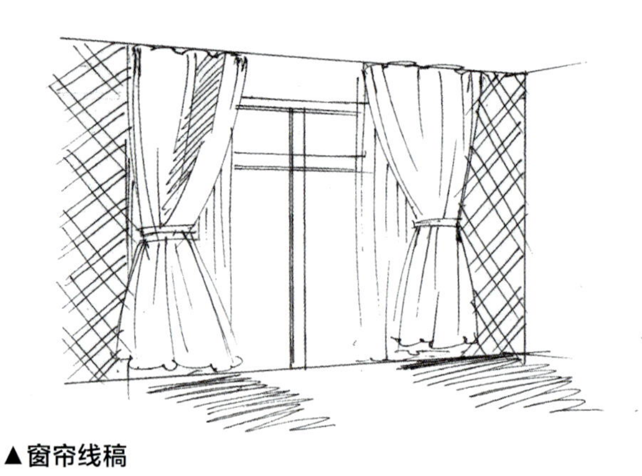

▲窗帘线稿

3.1.5 床体线稿表现

床是单体中最难表现的部分，也是由一个几何形体变化而成的。两边床头柜也是几何形体。双人床的长度为 2000mm 左右，宽度为 1500 ~ 1800mm，地面到床垫的高度为 450 ~ 500mm。

画的时候视点尽量压低，床不要画得太大，并注意床和床头柜的关系。毯子是难点，也是重点，需要注意透视、比例关系。床单的线条要画得软一些，表现出床单的褶皱效果，褶皱线条要轻轻地画，不要画得过硬，要注意柔和度，体现出柔和的效果，注意其他部位的细节和阴影。

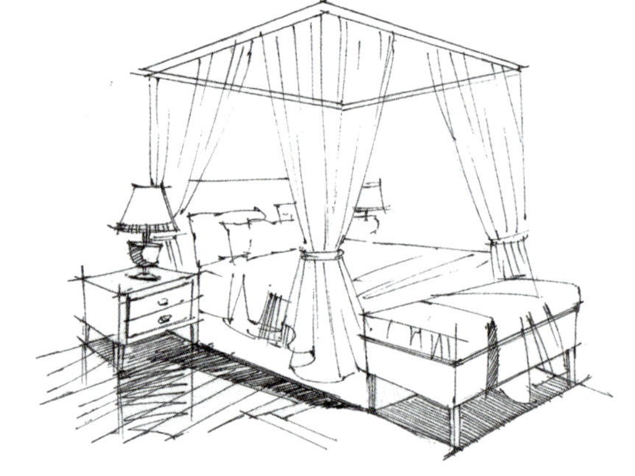

▲床体线稿

3.1.6 植物与装饰品线稿表现

室内植物和装饰品在整个室内布局中起到画龙点睛的作用。在室内装饰布置中，我们常常会遇到一些不好处理的死角，利用植物或者装饰品进行装点往往会起到意想不到的效果。在画室内效果图的时候，植物和装饰品同样也有近景、中景、远景，我们在手绘表现的刻画中要注意其中的虚实关系。植物的画法很多，可以先从一些常用的植物开始练起。

▲绿化植物线稿

▲绿化植物线稿

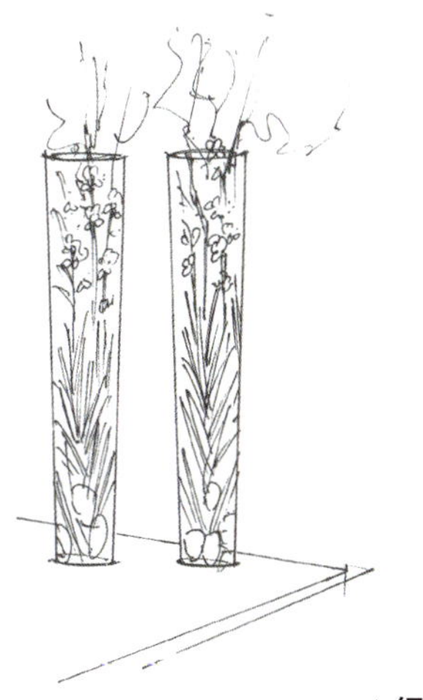

▲绿化植物线稿

手绘贴士

绿化植物绘制的难点在于很难分清叶片的前后结构，在绘画过程中不必刻意地将叶片之间的关系理清。可从平面视角来观察日常生活中的绿化植物，先绘制前部叶片，再在叶片之间补足后部叶片的形体轮廓即可，采用自由曲线绘制。最后在叶片上部或间隙处插入花卉，重点表现盆栽底部的投影。

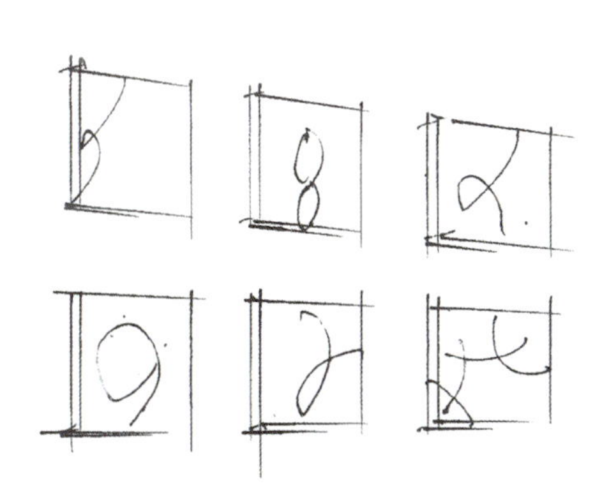

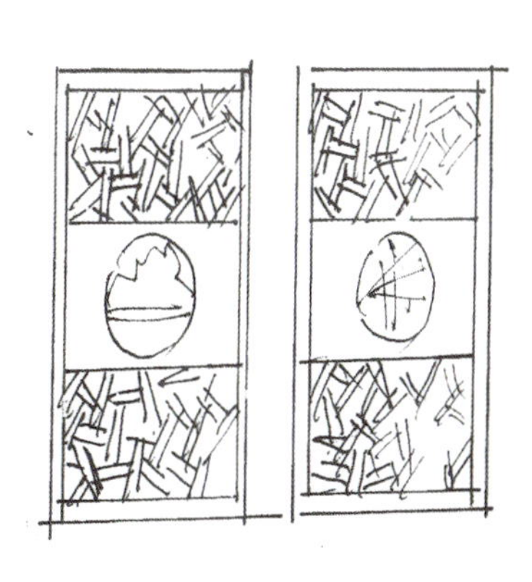

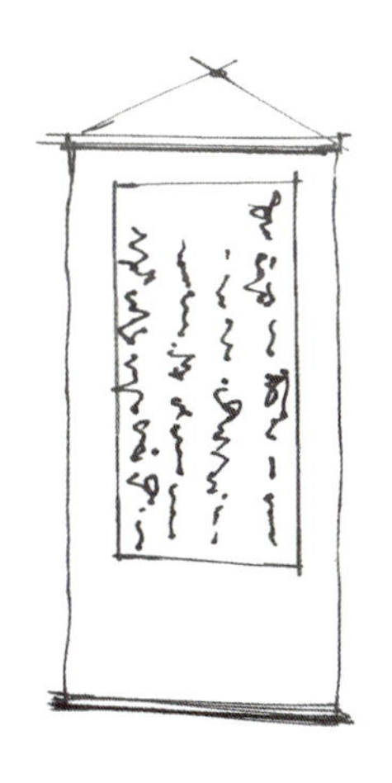

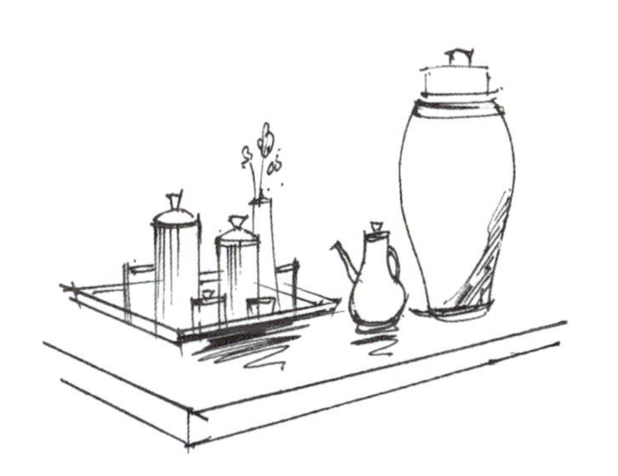

▲陈设饰品线稿

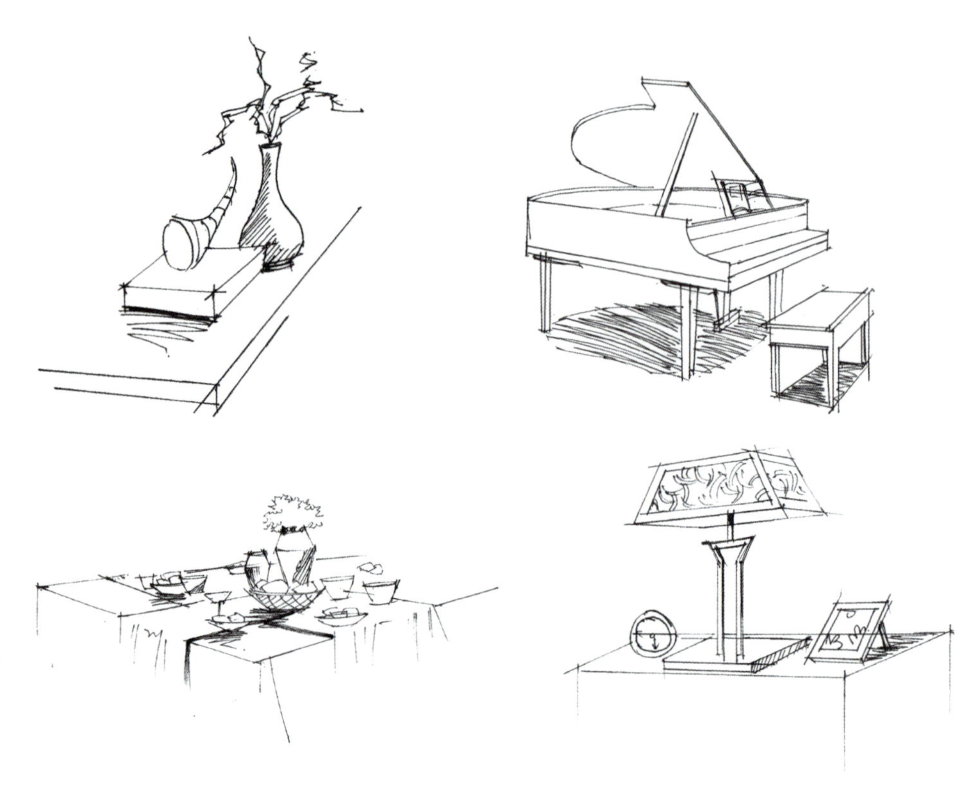

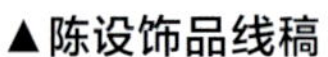

▲陈设饰品线稿

空间线稿

临摹室内各种空间线稿，画 2 ~ 3 张 A4 幅面即可，注重空间构图与消失点的设定，融入灯具、陈设品与绿化植物等，采用线条来强化明暗关系。再对照实景照片，绘制 2 ~ 3 张 A4 幅面简单的室内空间线稿。

3.2 构成空间线稿表现

在室内设计手绘效果图中，我们要了解画面中元素的几何形态，把复杂的形体转化为简单的几何结构，这样会使初学者更容易上手。当然，要正确地理解“几何结构”，并保证每个造型的透视准确。室内空间中的形体多种多样，无论是自然形态还是人工形态，都要抓住它们的本质，表现出物体的质感，不同种类的材质，其表现手法也不相同。例如，玻璃需要表现其透明度；不锈钢的反射较强，绘制时要很好地控制其反射度；石材有抛光和哑光之分；布艺为透光而不反光的材料等。要尽可能地体现物体的质感，通过线条排列形成较为逼真的明暗效果。

3.2.1 家居空间线稿表现

由于家居住宅属于大的空间范围，家具在空间中所占的比例不能太大，否则会造成整个空间尺度的误差。在绘制家具之前，其形状可以先用几何结构来概括。

注意不同平面的阴影应该以不同的方向进行排线，这样才能区分不同区域之间的块面关系。

手绘贴士

线稿除了表现空间造型，也是后期塑造色彩关系对比的前奏。线条的表现效果十分丰富。在线稿绘制阶段，密集的线条能塑造至少 3 种不同的明暗层次，分别通过非常密集的线条排列、一般密集的线条排列与无线条表现。非常密集的线条排列适用于地面阴影与深色家具暗部，对后期着色具有明确的导向性，从而设定色彩与明暗层次；一般密集的线条排列适用于中浅色家具或饰品的暗部；其他亮面采用无线条的方式进行表现。

由于落地窗面积较大，窗外景色可以绘制得较细致，使用较细的线条。

沙发上的横向线条运笔要轻，速度要快，不需要讲究形体，仅仅表现明暗关系即可。

高密集度倾斜线条适用于深色沙发的暗部，线条要求排列均匀且细腻。

▲住宅客厅线稿

在住宅卫生间线稿中，先用铅笔画出基本空间框架，注意空间的高度和长度的比例，同时定位卫生间洁具的地面投影区域。每种物体的形状、比例和位置都应准确地表达出来，应该重视墙面柜体的透视。

近处家具与陈设品可以细致刻画，用于平衡整个构图关系。将顶面灯具结构绘制出来，用于平衡画面重心。对墙面柜体造型逐一刻画，体现画面的重点。在地面投影上，根据画面整体要求绘制一些局部密集线条来平衡画面效果。

顶部墙角处的线条转折形态丰富，是塑造空间透视效果的关键。

深色浴缸侧面采用密集线条纵向排列来强化明暗层次。

地面上的竖向线条仅仅表现面积较小的垂直倒影，不宜大面积绘制。

▲住宅卫生间线稿

在住宅卧室线稿中，天花部分的两条透视线要比地面部分的透视线斜度大，这是因为视平线压低了，反之则会产生俯视效果。当空间物体被细化时，我们要注意物体细节的转动和透视。卧室窗户的玻璃质感应清楚地表达出来，不可画得含糊不清。

近处家具与陈设品可以细致刻画，用于平衡整个构图关系。近处沙发采用简洁的曲线与直线来表现，形成对比。将复杂的顶面灯具结构绘制出来，它位于空旷顶面，能平衡画面重心。在墙面底部的地面投影中，可以根据画面整体要求局部绘制一些密集线条来平衡画面。

画地板时，要注意条纹间的角度，不要距离太开，也不要太紧凑。绘制阴影时可以采取扫线的方式，以显示材料质感。地毯的边缘可以通过阴影来和地板区分开。

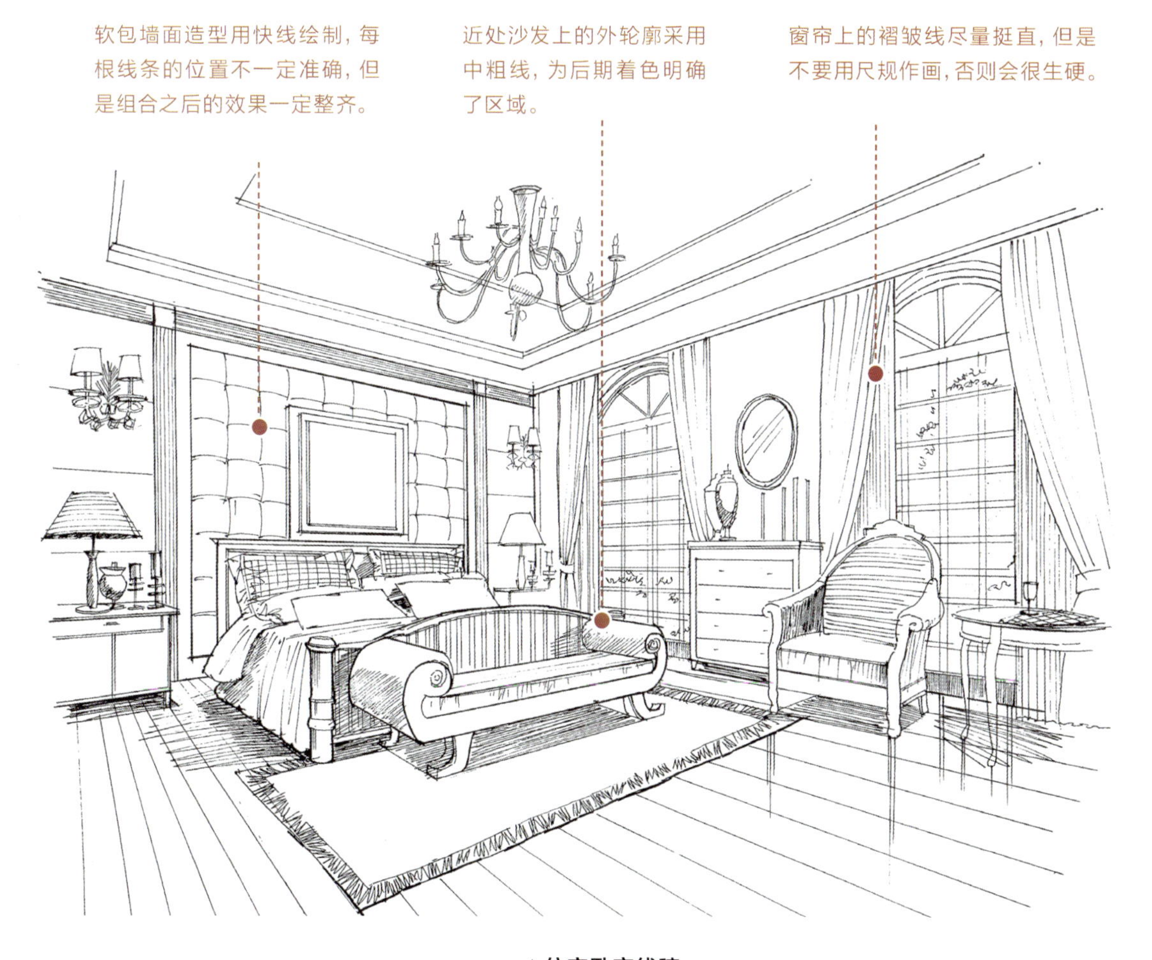

软包墙面造型用快线绘制，每根线条的位置不一定准确，但是组合之后的效果一定整齐。
近处沙发上的外轮廓采用中粗线，为后期着色明确了区域。
窗帘上的褶皱线尽量挺直，但是不要用尺规作画，否则会很生硬。

▲住宅卧室线稿

3.2.2 办公空间线稿表现

用铅笔画出空间透视图，具体画出天花板的轮廓、会议桌与周围椅子及其投影。注意整体结构，以及天花板、墙壁和陈设的具体形式。用绘图笔从天花板部位开始勾画，表现造型中的细节，并注意结构的准确性。一次性完成对墙壁和会议桌等的绘制。绘制家具时强调细节。将阴影添加到画面中去，调整画面中的黑、白、灰关系，突出关键部分。

主体透视结构用尺规绘制，使画面效果更规范严谨。会议桌侧面添加斜线阴影以强化明暗层次，会议桌地面排列线条以加深层次感，为后期着色打好明暗视觉基础。座椅轮廓徒手绘制，在整体上要达成统一的视觉效果。

壁纸纹理形态应当绘制到位，为后期丰富画面打好基础。顶面造型简洁，是大多数办公空间的设计主流，不宜绘制得复杂。近处家具造型是画面出彩的主要形体，应细致刻画，将皮革的蓬松感用曲线表现出来。直线形家具是空间透视准确度的标杆，应当用尺规绘制。放在墙角的阔叶植物，应当仔细描绘叶片的形态，营造整体空间平衡感。

条形装饰吊顶是画面中的主要设计对象，应当用尺规绘制，双线结构更能表现体积感。

顶棚发光板保持高度整洁、干净即可。

位于远处墙面上的线条可以表现得松散些，即线条两端有选择地保持空白。

▲办公空间线稿

用铅笔画出空间的基本墙体线条，注意透视的准确性。这个空间的透视属于复合型透视，在空间中有许多消失点，但是都在统一的视平线上，应该注意这一点。用线条勾勒空间形体的轮廓，对整个空间进行详细的描绘，并对局部物体的透视进行准确的标注。注意形式之间的重叠关系，线条要稳定，转折点要明确。完善空间的造型部分，使造型更加清晰完整。

整体的线稿绘制完成后，要进行局部调整，用少量线条表现明暗对比，拉开空间层次关系，但不要排过多的线条。

手绘贴士

在室内设计空间效果图的线稿中，最能体现空间感和层次感的是具有透视方向且形成网格效果的构造线，如顶面或地面的构造线，这些能大幅度提升透视的正确性与空间的真实感。如果设计的空间场景中没有这类构造线，应当在各界面上选择性地增补一些，不能完全依靠墙角线、顶角线等边缘轮廓线来表现空间感。

门窗玻璃上的折射线条应当倾斜 45 度，数量不应过多，尽量保持玻璃的整洁感。
办公家具表面比较光洁，无须排列线条来表现反光或投影。
地面上的投影采用螺旋状线条形成渐变效果。

▲办公空间线稿

3.2.3 商业空间线稿表现

在专卖店线稿中，用铅笔绘制空间的大框架，将陈列架上的服装首先归纳成单个形体。这张图要反映出专卖店的气氛，所以我们需要将重点放在陈列的部分以及堆叠的衣服上，最重要的是反映空间感，不要夸大。详细刻画出陈列架、天花板的造型和陈列柜的形状，并从整体构图和比例关系的角度来考虑。用绘图笔准确地勾画出展示柜的形状和空间轮廓。

展示品用线条概括地画出来，不需要刻画得精细，否则就会占主导地位。衣服的刻画只需要体现造型轮廓，要注意远与近的变化。进一步完善空间，展示展柜和内部物品的细节。陈列柜中的货物也应该用单线来概括。在处理地砖时，透视要准确，最后加少量的阴影，使画面完整统一。整体线稿完成后做局部调整，用少量的排线表现明暗对比，拉开空间关系，但不要上过多的调子，以便给上色留出更多的空间。

灯光的投射范围可以用线来明确。
主体货架外部轮廓采用中粗线绘制。
商品尽量具象化，不要草草几笔带过，线条可以较细。

▲专卖店线稿

在酒店大堂线稿中，要注意空间的整体比例，不要把大空间绘制成小空间。无论室内空间有多少个层次，视平线的定位始终是以人的视角为基础的，在画面30%下方的位置。在大框架的基础上，对物体的形状进行细致的描绘，掌握物体的形状，画出天花板和墙的整体轮廓。

为了进一步完善空间的整体轮廓，人物配景的画法注意要用概括的手法来表达。在空间中人物配景是用来反映空间的整体比例，并创造空间气氛的。在大场景绘制中，可以在画面的某些部分画一些人物，但要注意人物需妥当处理，如果设计空间的主体部分不突出，这些人物就会过于显眼。对于人物的处理，可以用一个或一组的形式来表达。在群组的情况下，要注意整体的密度关系，不要画得太多。

弧线用慢线画，保持线条的方向性，主要结构加粗。主要结构依靠直尺来绘制，可以体现出空间的高耸大气，比例要准确。地面结构可以表现空间的纵深感，透视应当准确无误。位于画面中心的装饰画主体线稿应当绘制得准确细致，方便后期着色。进一步调整画面，细化材质、添加阴影，使画面达到完整的效果。

弧形墙面上的铺装材料用简洁的单线绘制，对平滑度没有要求，但是整体走线应当正确。
水景中的波纹千姿百态，用笔技法随意，但是要控制好线条的密度，过于密集会污染画面。
近处地面铺装材料的轮廓线是表现空间透视的关键，绘制时尽量准确。

▲酒店大堂线稿

书柜里的书籍轮廓具有调节明暗关系的作用。

壁炉中砖块材质自身具有色差，可以在砖块中选择性地填充斜线。

沙发靠垫背面暗部采用密集斜线，能强化靠垫的体积感。

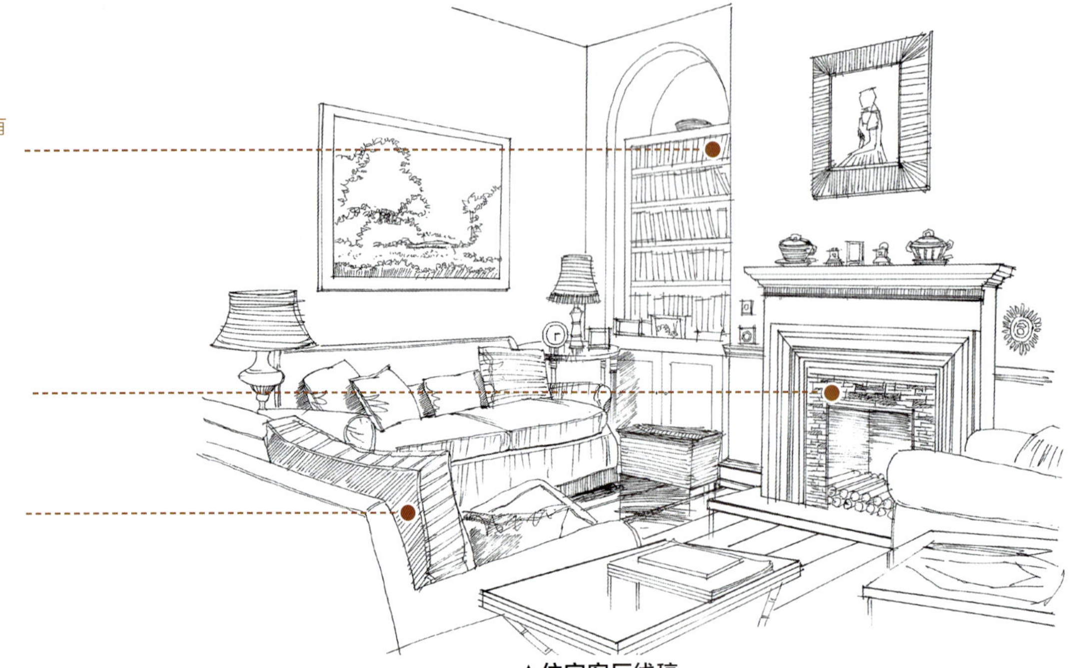

▲住宅客厅线稿

垂直线条可以选择性地表现出断续感，表现出窗帘背后的窗户轮廓。

铅笔留下的装饰柜花纹轮廓暂时不用绘图笔覆盖，后期根据实际着色效果再定。

地毯的蓬松感通过简短而局促的成组线条来表现。

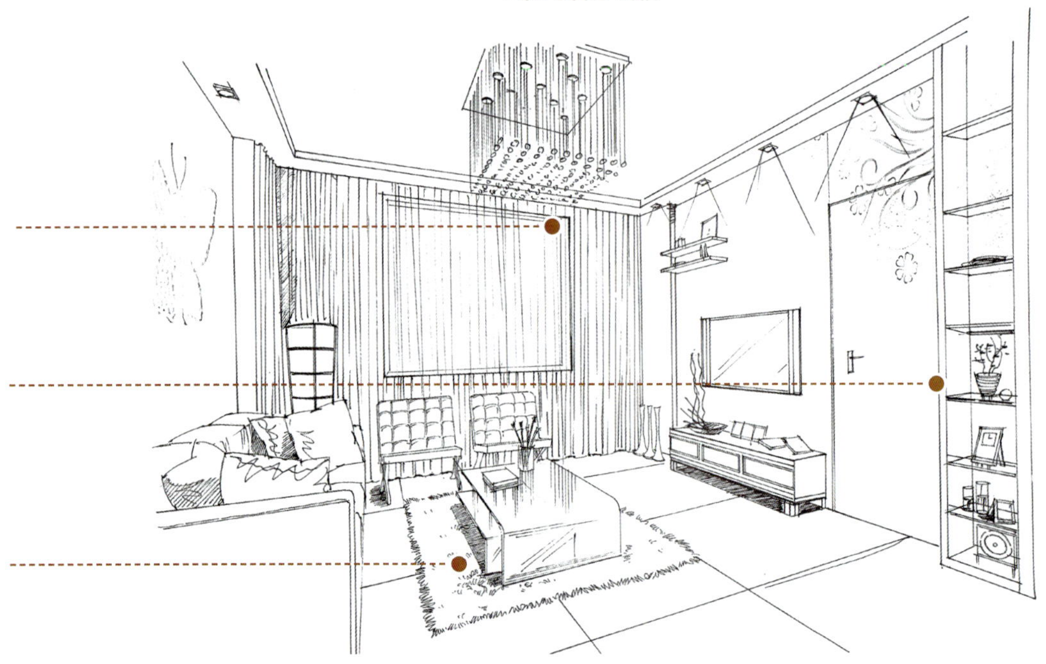

▲住宅客厅线稿

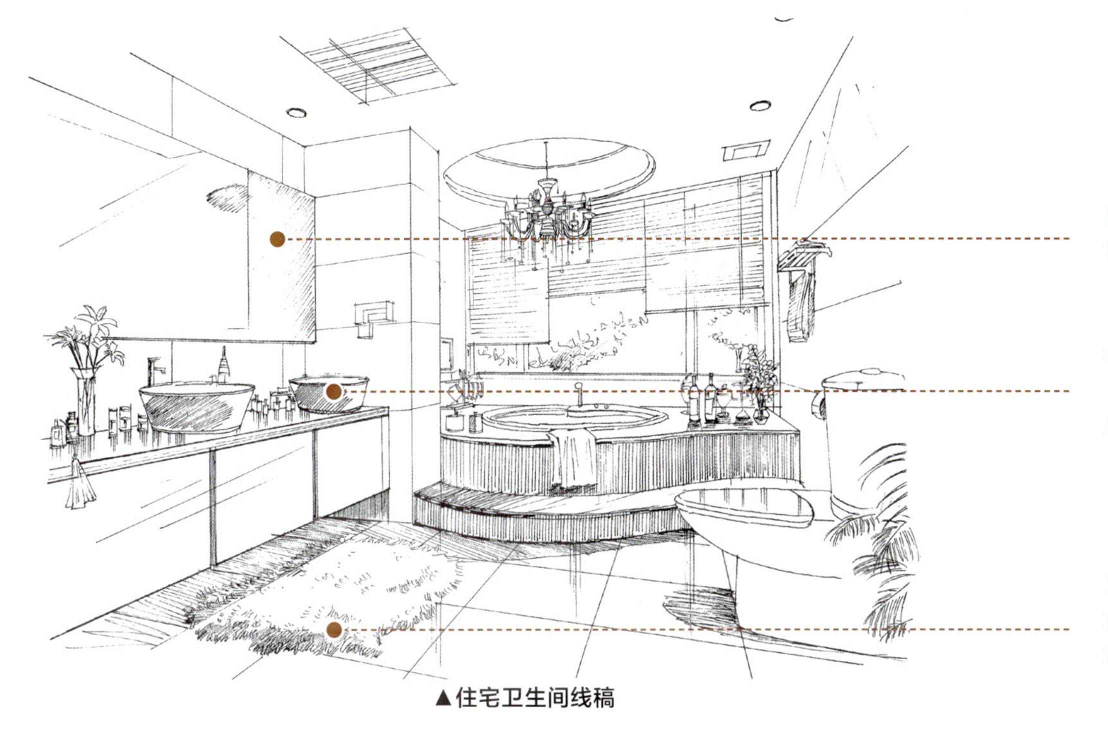

镜子上的反光效果具有深浅过渡变化。

在高强度灯光直接照射下，浅色洁具的暗部会产生强烈的反射效果。

地毯边缘线条紧凑密集，成组排列，能表现出蓬松感。

▲住宅卫生间线稿

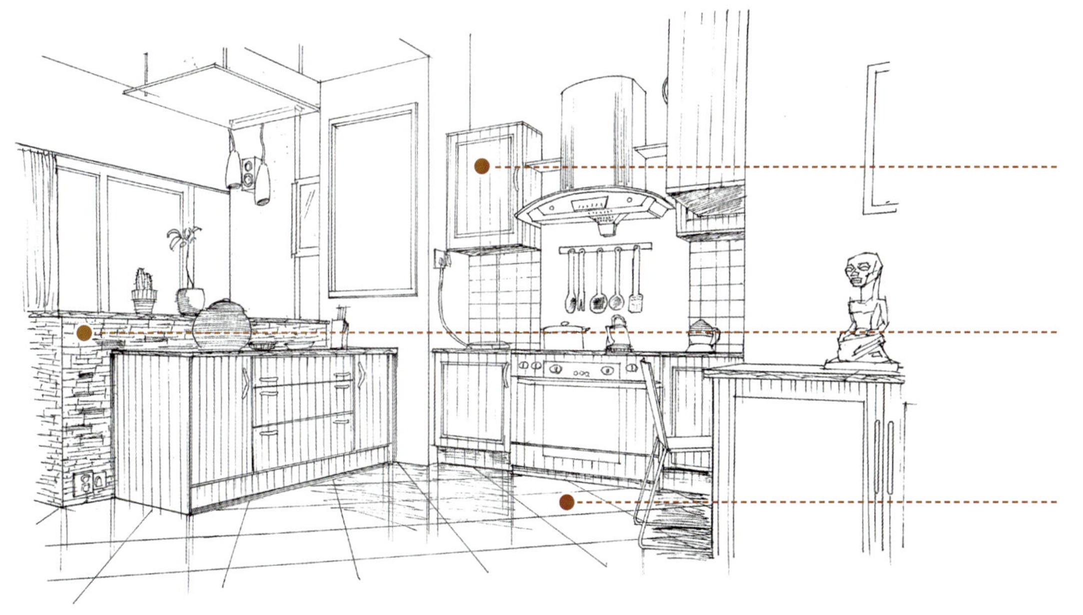

木质柜体采用竖向结构线条表现，为后期进行木质纹理着色打好基础。

仿古文化石墙体线条纵横交错，具有矩形效果。

地面倾斜铺装的地砖线条简洁，具有统一的方向性。

▲住宅厨房线稿

位于画面中心的主体结构用尺规绘制，线条可以适当加粗。

竖向结构线条末端不要与家具发生接触，保持一定间距。

对于近处图书，应当深入刻画细节，强化暗部层次。

沙发位于画面边缘，结构线条尽量简洁，用单线绘制。

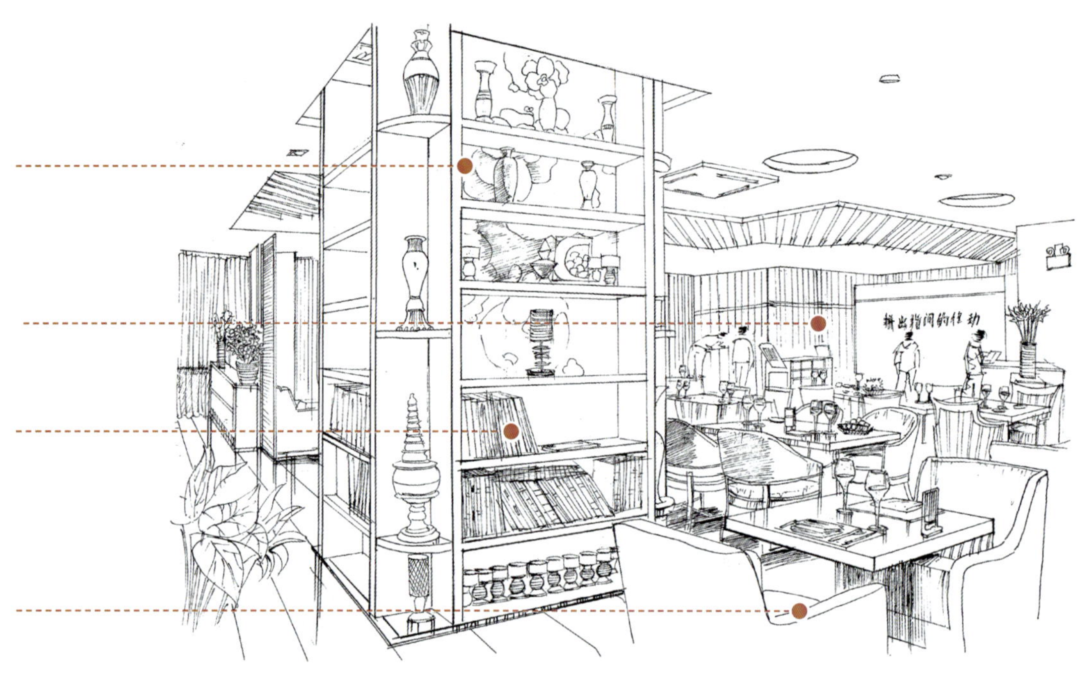

▲餐厅线稿

广告牌上的文字用直尺绘制，不要徒手画，以免产生个性化效果。

花盆暗部可以结合垂落的绿化植物表现阴影，强化花盆的体积感。

地面投影使用简单的、长短不一的竖向线条，数量不宜过多。

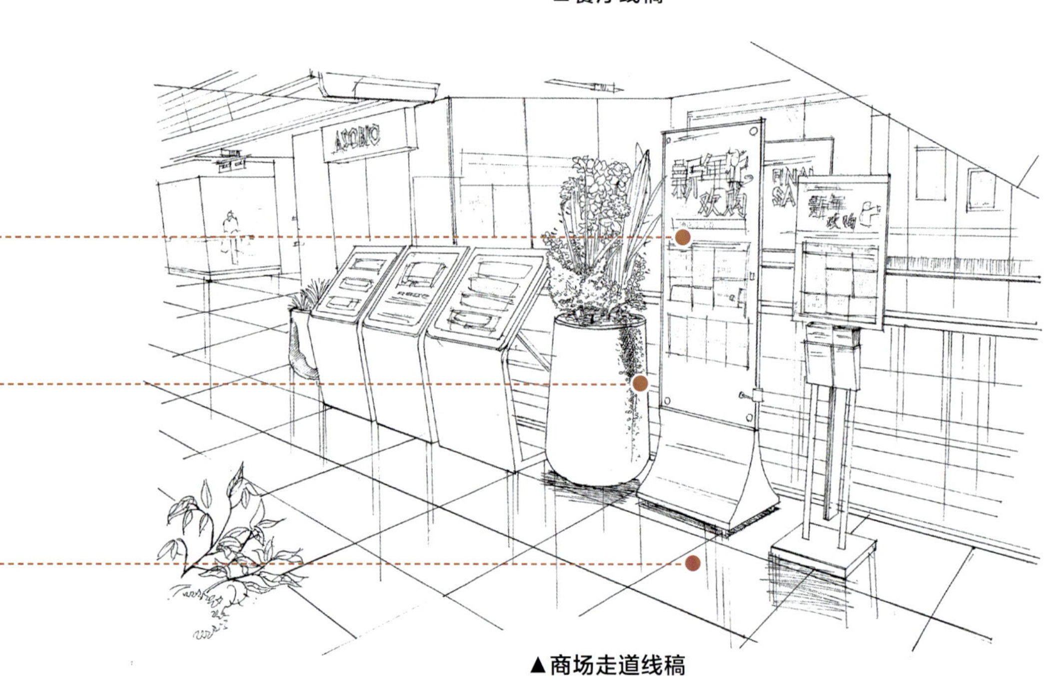

▲商场走道线稿

倾斜家具是画面中的设计亮点，整体结构仍要透视准确。

低处结构排列倾斜线能让画面显得更加沉稳。

地板结构线透视方向统一，这是统一画面透视效果的重点。

▲住宅客厅线稿

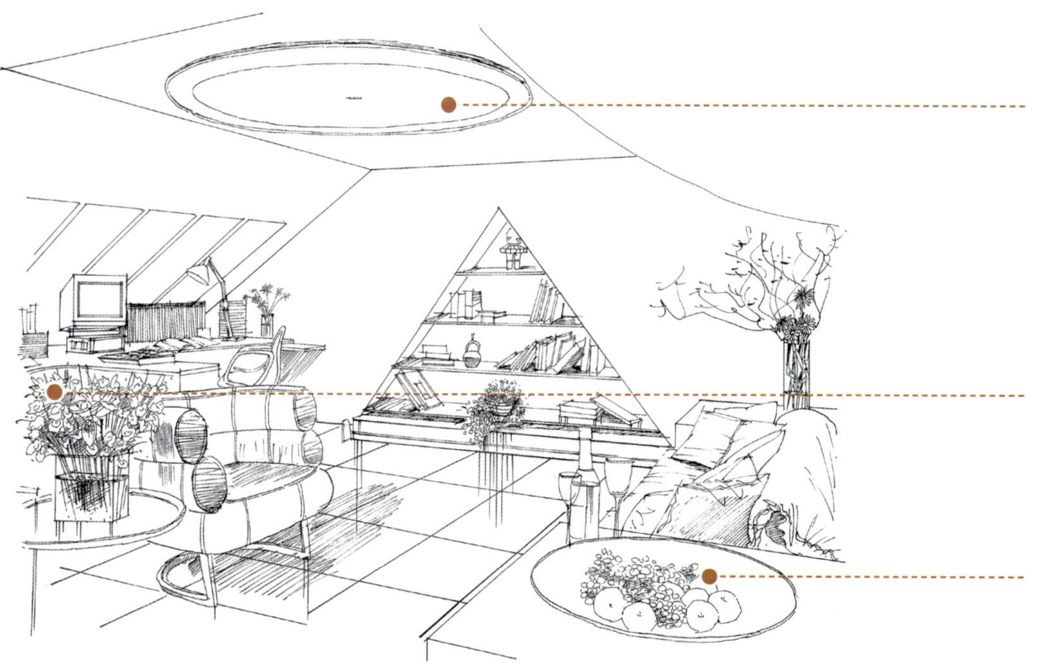

弧线形吊顶绘制时不必过于圆整，但是弧线之间应当保持平行。

位于画面前部的花卉应当绘制得细腻一些，在阴暗处适当表现少许阴影。

位于画面近处的果盘细节刻画到位，果盘轮廓用慢线绘制。

▲住宅书房线稿

悬挂的吊旗轮廓用慢线绘制。

玻璃上的折射线要有一定长度，每2～3条线为一组。

展示台柜的材质构造线方向统一，这是统一画面透视效果的重点。

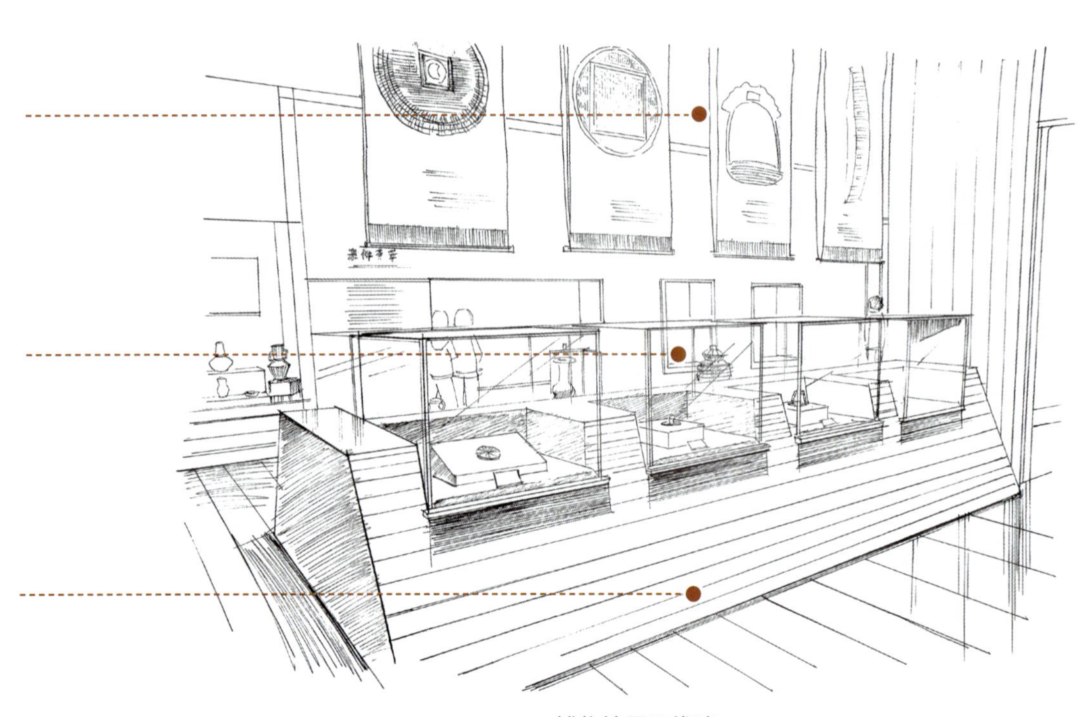

▲博物馆展厅线稿

多条同一走向的曲线应当干净简洁。用线条表现形体结构，不能重合与交错。

在阴暗处适当绘制少许阴影，不应表现过多、过深。

绘制细节来丰富画面效果。

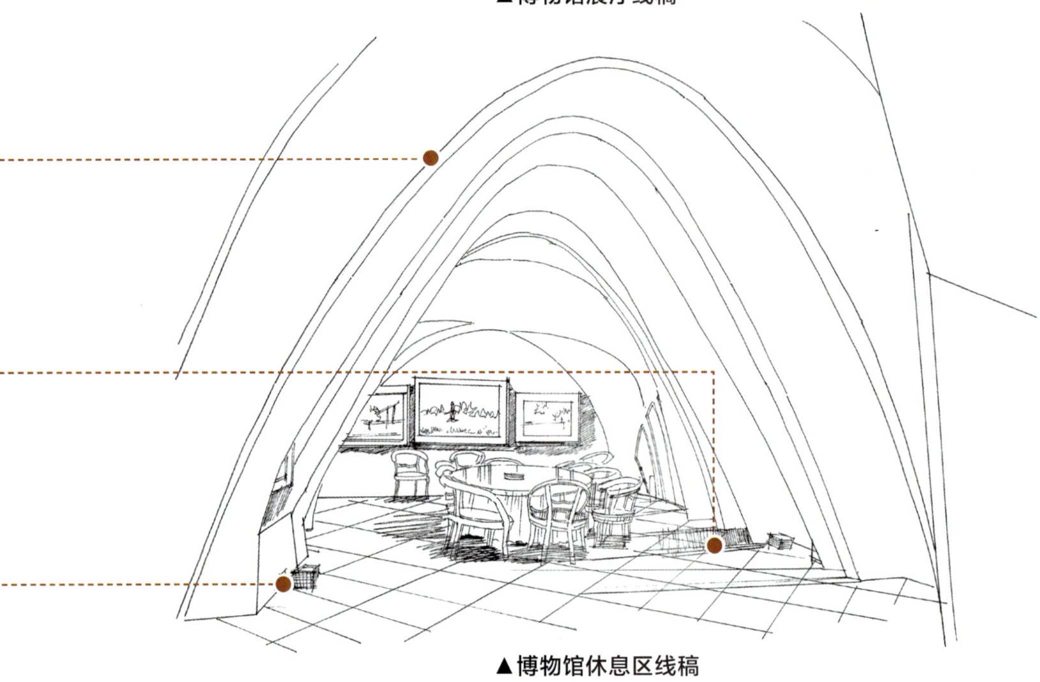

▲博物馆休息区线稿

04

着色表现

识别难度

★★★★★

核心概念

色彩、马克笔、彩色铅笔、运笔、留白、对比。

章节导读

本章介绍室内空间着色的基本要领，对室内设计手绘效果图中常用的家具、陈设、配饰、绿化植物等进行分类，重点讲解单体着色与空间着色的绘制方法，列出部分优秀空间着色实例作品，并进行深入分析。

4.1 马克笔表现特点

色彩影响室内空间的层次感和人们的心理。在绘制室内设计手绘效果图时，要掌握色彩表现技巧，使绘制的室内空间看起来更像一个真实的空间，以达到预期的设计效果。

手绘效果图的色彩与纯粹绘画中千变万化的色彩不同。本节讲解手绘效果图中色彩的基本知识。

马克笔的色彩干净、明快，能形成很强烈的明暗对比、色彩对比。此外，马克笔颜色品种多，选择范围广也是其重要优点。马克笔也存在缺点，例如不能重复修改，必须一步到位，笔尖较粗，很难刻画精致的细节等，这些就需要我们在绘制过程中克服。

本书图例所选用的马克笔是国产 TOUCH 牌 3 代产品，价格便宜，色彩多样。其中包括灰色系列中的暖灰 WG、冷灰 CG、蓝灰 BG、绿灰 GG，能满足各种场景效果图，可以用各种颜色的马克笔制作一张简单的色卡，在绘制时可以随时参考。

0	1	2	3	4	5	6	7
8	9	10	11	12	13	14	15
16	17	18	21	22	23	24	25
26	27	28	29	31	32	33	34
35	36	37	38	41	42	43	44
45	46	47	48	49	50	51	52
53	54	55	56	57	58	59	61
62	63	64	65	66	67	68	69
70	71	72	73	74	75	76	77
81	82	83	84	85	86	87	88
89	91	92	93	94	95	96	97
98	99	100	101	102	103	104	107
109	111	112	113	114	115	116	120
121	122	123	124	125	126	131	132
133	134	135	136	137	138	139	140
141	142	143	144	145	146	147	163
164	166	167	169	171	172	173	174
175	178	179	182	183	185	196	198
211	221	222	223	224	225	231	232
233	234	235	236	237	241	242	243
251	261	262	263	271	272	273	274
281	282	283	291	292	293	BG1	BG3
BG5	BG7	BG9	CG0.5	CG1	CG2	CG3	CG4
CG5	CG6	CG7	CG8	CG9	GG1	GG3	GG5
GG7	GG9	WG0.5	WG1	WG2	WG3	WG4	WG5
WG6	WG7	WG8	WG9				

▲马克笔色卡

4.1.1 常规技法

1. 平移

平移是最常用的马克笔绘制技法。下笔的时候，速度要快，将平整的笔端完全与纸面接触，快速、果断地画出线条。起笔的时候，不能犹豫不决，不能长时间停留在纸面上，否则纸上会有较大面积的积墨，形成不良效果。

▲平移

2. 直线

用马克笔绘制直线与用绘图笔或中性笔绘制直线方法相同，一般用宽头端的侧锋或用细头端来画，下笔和收笔时应当作短暂停留，形成比较完整的开始和结尾。由于线条细，因此这种直线一般用于确定着色边界，但是不应将所有边缘都用直线来框定，这样做会令人感到线条僵硬。

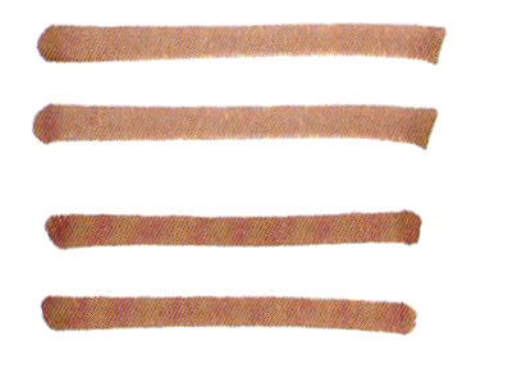

▲直线

3. 点笔

点笔主要用来绘制蓬松的物体，如植物、地毯等。也可以用于过渡，活泼画面气氛，或用来给大面积着色作点缀。在进行点笔的时候，注意要将笔头完全贴于纸面。点笔时可以做各种提、挑、拖等运动，使点笔的表现技法更丰富。虽然点笔是灵活的，但它所表现的图案也应该具有方向性和完整性。我们必须控制边缘线和密度的变化，不能随处点笔，以免导致画面凌乱。

▲点笔

4.1.2 特殊技法

1. 扫笔

扫笔是在运笔的同时快速地抬起笔，并加快运笔速度，速度要比摆笔更快且无明显的收笔。注意，无明显收笔并不代表草率收笔，而是留下一条长短合适、由深到浅的笔触。扫笔多用于处理画面边缘或需要柔和过渡的部位。如果有明显的收尾笔触，就不能表现出衰减效果。所以，扫笔也是我们需要掌握的基本技巧之一。

▲扫笔

2. 斜笔

斜笔技法用于处理菱形或三角形着色部位，这种运笔对初学者来说很难掌握，在实际运用中也不多见，斜笔可以通过调整笔端倾斜度来处理不同的宽度和斜度。

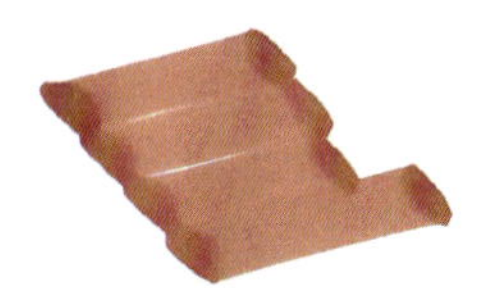

▲斜笔

3. 蹭笔

蹭笔是指用马克笔快速地蹭出一个面域。蹭笔适合在过渡渐变部位着色，画面效果会显得更柔和、干净。

▲蹭笔

4. 重笔

重笔是用 WG9 号、CG9 号、120 号等深色马克笔来绘制，在一幅作品中不要大面积使用这种技法，仅用于投影部位，在最后调整阶段适当使用，主要作用是拉开画面层次，使形体更加清晰。

▲重笔

5. 点白

点白工具有涂改液和白色中性笔两种。涂改液用于较大面积点白，白色中性笔用于细节精确部位点白。点白一般适用于受光最多、最亮的部位，如光滑材质、玻璃等的亮部。如果画面显得很闷，也可以适当点白。但是高光点白不宜用太多，否则画面会看起来很脏。

中远处的水面具有来自窗外光线照射的大面积反光，可以将涂改液当作马克笔来绘制高光。

近处高光应当与周边深色倒影形成对比，同时还要与近处画面边缘空白形成呼应。

▲点白

4.1.3 材质表现

在室内设计效果图的表现中，各种椅子、沙发，墙、地面的材质是表现的重点，材质的真实性直接影响效果图的质量。仔细观察生活中所有物体表面的材质，会发现不同材质的区别在于明暗、色彩对比。对比强烈的主要是玻璃、瓷砖、抛光石材等光洁的材质，对比柔和的主要是涂料、砖石等粗糙的材质。为了加强对比，可以在高光、亮部采用涂改液点白。此外，还可以通过运笔技巧，如马克笔平铺适用于表面平整的材质（墙面、地面）。点笔与挑笔混合适用于柔软、蓬松的材质（布艺沙发、地毯）。马克笔着色完成后，还可以选择性地使用彩色铅笔排列 45 度倾斜线平铺，这样能覆盖马克笔直接相互叠加或留白的痕迹，让材质表现得更平整，使画面效果更整体。当然这种技法一般只针对面积较大的着色对象，不应对整个画面覆盖，否则无法区分多种材质，形成材质自身的对比。

第6天 着色特点

临摹室内各种材质的表现线稿，画 2 ~ 3 张 A4 幅面即可，注重材质自身的色彩对比关系，着色时强化记忆材质配色，区分不同材质的运笔方法。分清构筑物的结构层次和细节，对必要的细节进行深入刻画。

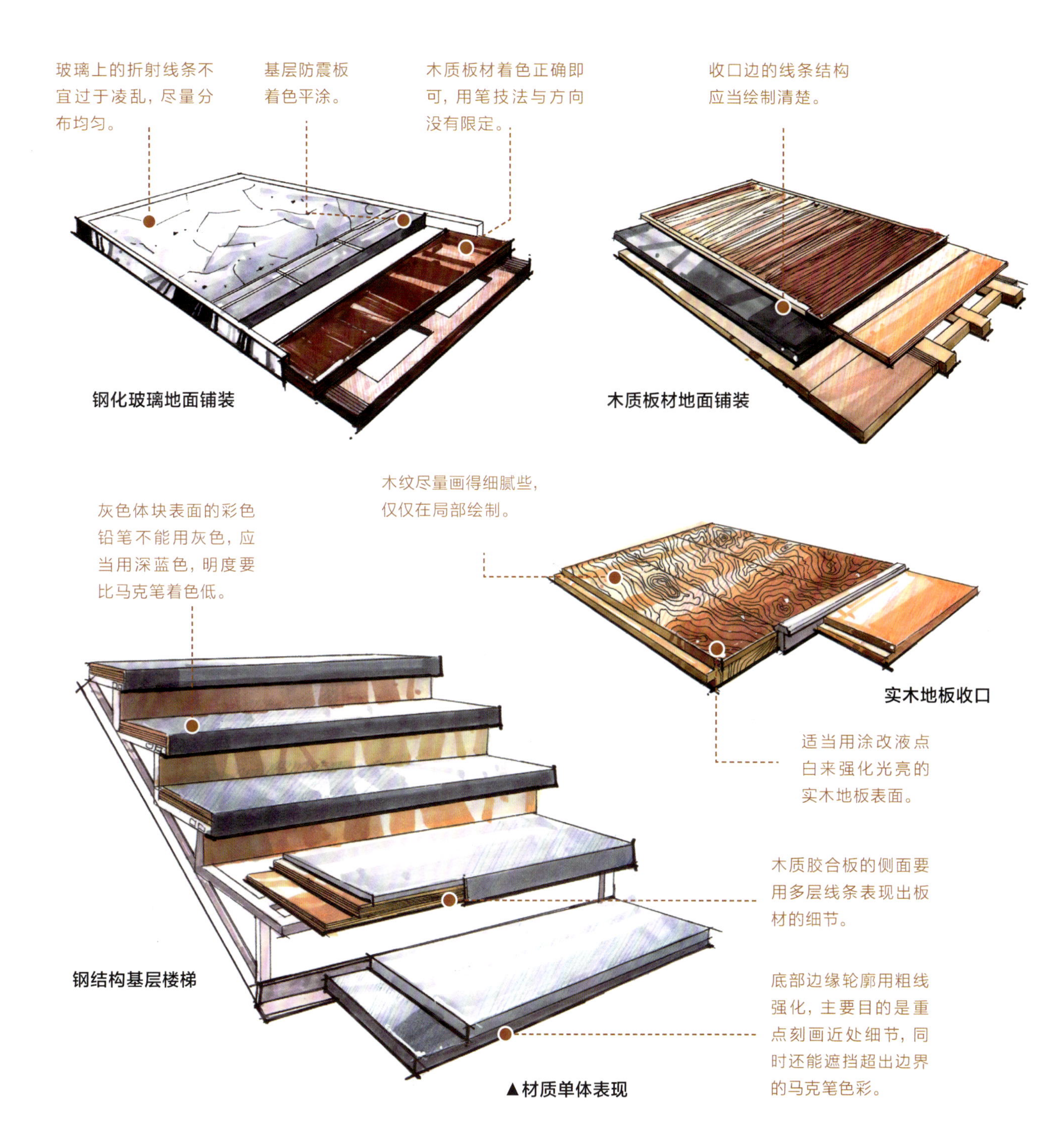
玻璃上的折射线条不宜过于凌乱，尽量分布均匀。
基层防震板着色平涂。
木质板材着色正确即可，用笔技法与方向没有限定。
收口边的线条结构应当绘制清楚。
钢化玻璃地面铺装
木质板材地面铺装
木纹尽量画得细腻些，仅仅在局部绘制。
灰色体块表面的彩色铅笔不能用灰色，应当用深蓝色，明度要比马克笔着色低。
实木地板收口
适当用涂改液点白来强化光亮的实木地板表面。
木质胶合板的侧面要用多层线条表现出板材的细节。
钢结构基层楼梯
底部边缘轮廓用粗线强化，主要目的是重点刻画近处细节，同时还能遮挡超出边界的马克笔色彩。

▲材质单体表现

地面常用的材质有地板、地毯、地砖等。墙面常用的材质有壁纸、软包、玻璃、镜面、瓷砖等。地砖反光性很强，需要用强烈对比的笔触来塑造，注意投影的笔触一定是垂直向下的。地板相对于地砖反光性较弱，在表现时不需要像地砖那么强烈。

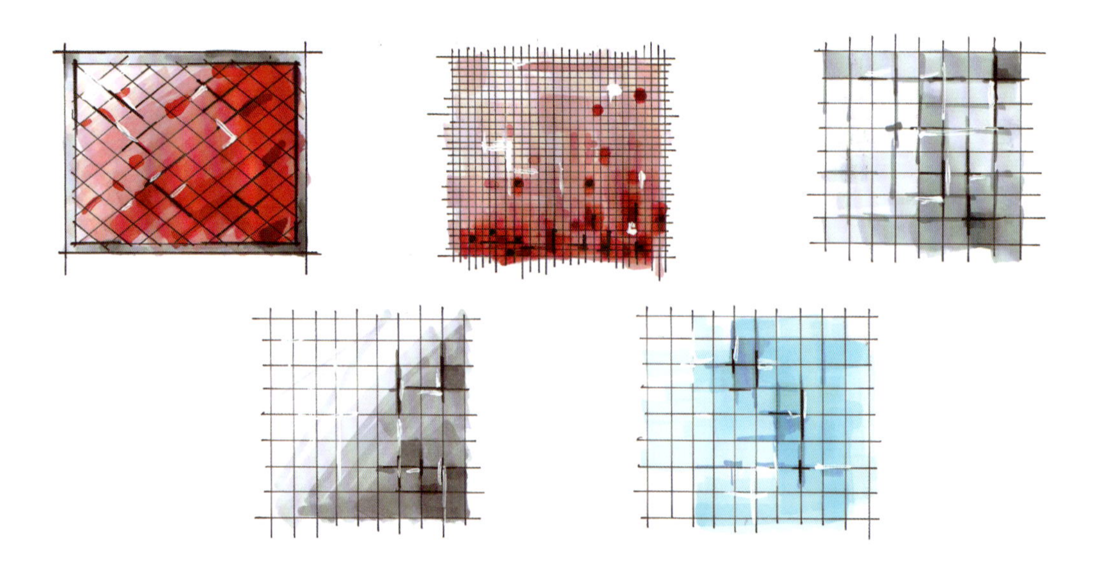

▲地面瓷砖材质单体表现

4.2 彩色铅笔表现特点

彩色铅笔是常用的手绘工具。我们通常选择水溶性的彩色铅笔，因为它可以很好地与马克笔笔触融为一体。彩色铅笔色彩丰富，笔触细腻，优点在于处理画面细节，可以在画面的过渡、统一中发挥作用，如灯光色彩的过渡、材质的纹理表现等。使用彩色铅笔作画时要注意空间感的处理和材质的准确表达，避免画面太艳或太灰。用彩色铅笔绘制的画面颗粒感较强，因此对于光滑材质的表现稍差，如玻璃、石材、亮面漆等。彩色铅笔也可以在钢笔线稿上着色。彩色铅笔的基本画法分为平涂和排线，可以结合素描的线条进行塑造。由于铅笔有一定的笔触，所以，在排线平涂的时候，要注意线条方向，轻重也要适度。由于彩色铅笔色彩叠加次数多了画面会发腻，所以用色一定要准确，下笔一定要果断，尽量一遍达到画面所需要的效果，然后再深入调整、刻画细节。

彩色铅笔表现技法易于掌握，具有很强的遮盖能力。它可以任意搭配颜色，强调厚重感。同时，它也弥补了马克笔单色的缺陷，可以填补马克笔笔触之间的空白。下面列举了一些常见的彩色铅笔笔触表现。

▲彩铅铅笔笔触

4.3 单体着色表现

在着色练习中，也可以单独表现局部，考虑固有色、环境色，这样可以使色彩更加丰富和谐。巧妙运用色彩能使作品更加优秀，给人以深刻的印象；可以真实、准确、生动地表现艺术形象。在练习过程中，我们通常逐个绘制单体，然后把它们组合在一起，特别是要注意单体之间的关系，如尺寸关系、透视关系以及虚实关系等。

▲单体着色表现

4.3.1 单色练习

学习了马克笔的基本着色技法之后，我们就开始练习室内单体上色。基础的单体上色可以用单一的灰色来塑造，可以用 CG1、CG3、CG5、CG7 或者是 WG1、WG3、WG5、WG7 这几个颜色来画。

第一层用 CG1 或者 WG1 大面积铺色。第二层用 CG3 或者 WG3，此时就要讲究笔触的用法了。重颜色 CG5 或者 WG5 要慎重使用。马克笔着色的真正精髓在于重颜色的使用。重颜色不要大面积使用，掌握好用法与用量才是整个画面出效果的关键。最后用 CG7 或者 WG7 画阴影。强化单色练习可以更好地掌握明暗关系。

第7天 单体表现

临摹 2 ~ 3 张 A4 幅面家具、饰品、灯具、墙面、绿化植物等综合着色画稿，分出不同质地的多种颜色，理清光照的远近层次，区分家具中的主次关系，对不同方向的亮面、过渡面、暗面进行比较分析，区分复杂单体中的不同材质，要对亮面与过渡面的表现进行归纳，不能完全写实。再绘制 2 ~ 3 张 A4 幅面的单体组合与大型家具。

▲家具单体单色表现

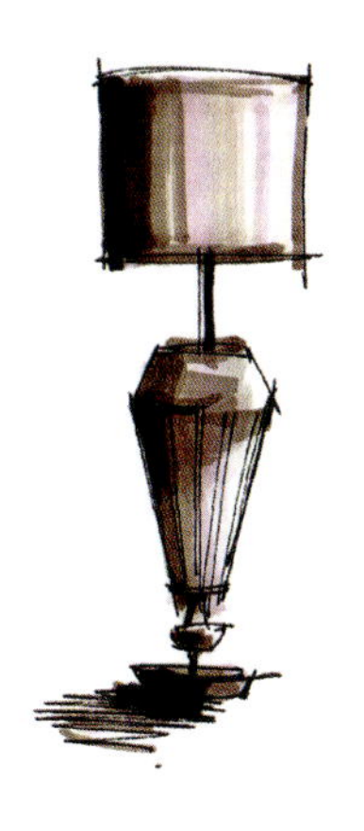

▲饰品单体单色表现

手绘贴士

单色练习的主要目的是理清明暗关系，塑造设计对象的体积感。在运笔时从亮部或中间过渡部位向暗部绘制，在最深的部位不要用马克笔反复涂抹，否则会造成颜色浸润、扩散，形成粗糙的边缘效果，在暗部应当用绘图笔排列线条加深颜色。

4.3.2　饰品单体着色表现

饰品是室内设计手绘效果图中的点睛之笔，一般体量较小，配色简单，对空间起点缀作用。室内饰品主要包括花瓶、画框、摆件、屏风等。

饰品在手绘效果图表现中往往容易被人忽视。饰品的绘画不仅具有各种构造、体积、明暗关系，还具备多样的色彩。在进行结构表现时注意分清主次，主要饰品可以精致绘制，深入刻画，但是不能喧宾夺主；次要饰品要将形体与透视绘制准确，所使用的笔墨不宜过多，线条应轻松，以纤细为佳。

在选色配色中，首先考虑的是饰品的固有色，然后考虑环境色，在准确的固有色基础上尽量向环境色靠近一些，但是不要失去固有色的本质。饰品自身的明暗对比不宜太过强烈，不要超过整个图面中的主要表现对象。大多数饰品的暗部面积不是很大，在选用深色时可以将 2 种颜色叠加，颜色会更深，体积感会更强，但是也要注意，不能在饰品这种次要表现对象上使用过深的颜色，尤其是黑色，否则会让整幅作品失去平衡感。

▲饰品单体着色表现

最常见的室内饰品是花瓶、挂画等物品。在选配颜色时要精准挑选，一般一种材质要选择 2 种颜色，一深一浅，先画整体浅色，后画暗面深色。对于特别简单的次要饰品可以只选择 1 种颜色，先画整体，后在暗面覆盖 1 ~ 2 遍相同色彩，如果觉得深度不够，还可以用较深的彩色铅笔倾斜 45 度排列线条，平涂 1 遍。

▲饰品单体着色表现

▲饰品单体着色表现

▲饰品单体着色表现

扫码看视频

4.3.3 椅子与沙发单体着色表现

椅子与沙发是室内手绘效果图中的重要组成部分，严格来说，家居空间手绘效果图就是椅子、沙发的表现效果图，椅子沙发在画面中占据的比例达到了 80%，椅子、沙发的体积、色彩、质地直接影响效果图质量。

对椅子、沙发的绘制首先要把握好体积关系。椅子、沙发的体积感塑造主要来自灯光，灯光位于室内空间顶部，那么位于画面中央的椅子、沙发顶面都是受光面，着色最浅。在最初对画面整体着色时，椅子、沙发顶面应当少着色或不着色。对椅子、沙发的侧面要进行仔细分析，找出接近光源方向的面定位为过渡面或灰面，找出远离光源方向或背光面定位为暗面，采用同一种颜色的马克笔将这两个面完全覆盖，再选择更深一个层次的同色马克笔对暗面再覆盖一遍。最后根据主次关系，可以选用深灰色或黑色马克笔强化投影，同时用更深的彩色铅笔在暗部排列线条，让暗部层次进一步拉开。最终能将椅子、沙发的体积感塑造出来。

椅子、沙发的质地非常丰富。在手绘效果图中，要刻意塑造不同材质的椅子、沙发，如布艺、木材、光洁油漆、金属等，搭配不同颜色，让椅子、沙发效果更加丰富，不会让人感到画面单调。

椅子、沙发的效果还来自地面投影。投影一般为深灰色，是偏暖还是偏冷要根据地面材质与整体画面色调来确定。大多数地面投影都偏暖，用暖灰色较多，最终在主体椅子、沙发的投影上运用少量黑色，或用绘图笔排列密集线条来强化。椅子、沙发的亮部不一定都采用涂改液点白，但是进行必要的留白能进一步强化对比，提高椅子、沙发的体积感。

▲椅子与沙发单体着色表现

▲椅子与沙发单体着色表现

▲椅子与沙发单体着色表现

▲椅子与沙发单体着色表现

▲椅子与沙发单体着色表现

扫码看视频

4.3.4 柜体与床单体着色表现

柜体与床是卧室常见的主体家具，上色时先考虑色调的运用，注意将画面的丰富性与整体性统一，此外还要处理好画面的主次关系和虚实关系。床相当于其他陈设外形是最简单的，几乎是长方体，只需要将床上用品画好。一般来说，先将床的外形画准确后，再画床上用品。注意用线不可生硬，要表现其舒适感。

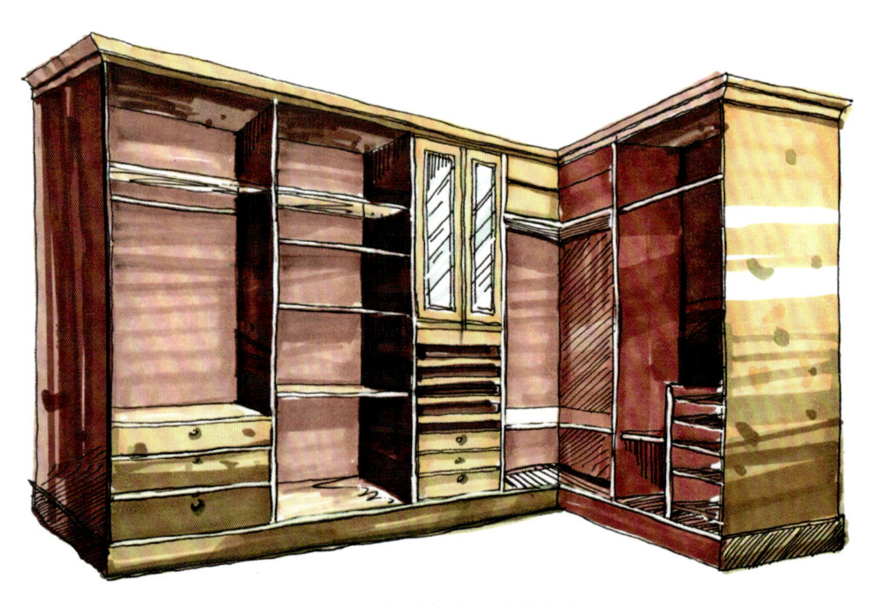

▲柜体与床单体着色表现

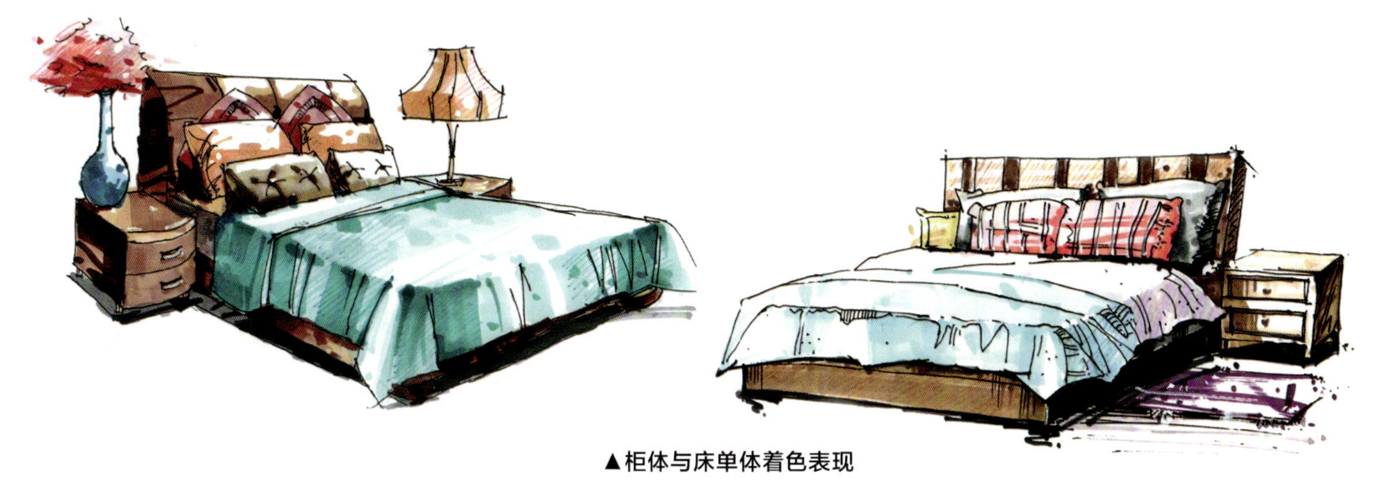

▲柜体与床单体着色表现

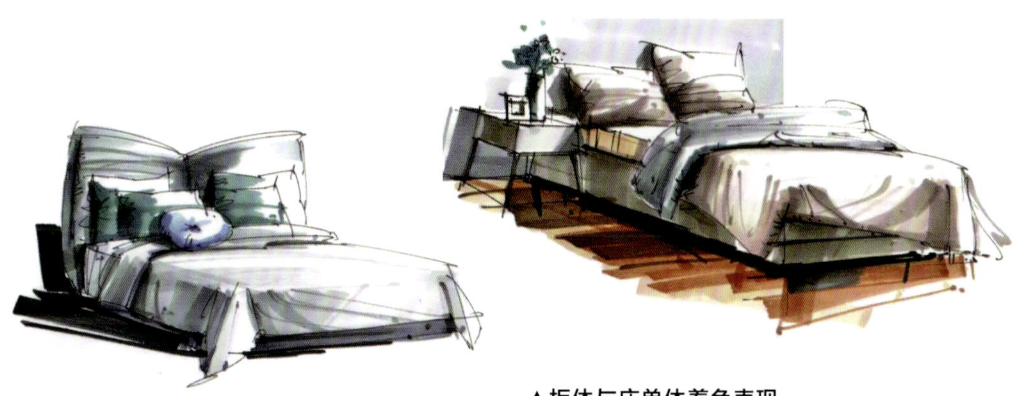

▲柜体与床单体着色表现

▲柜体与床单体着色表现

▲柜体与床单体着色表现

▲柜体与床单体着色表现

扫码看视频

4.3.5 灯具单体着色表现

光分为两类：一是自然光，二是人工光源。两者的合理运用创造了很多优秀的作品。当然，无论是室外自然光，还是室内灯光，所形成的物体阴影轮廓都要注意透视关系。灯具包括灯带、筒灯和娱乐场所的投光灯等。

灯具的表现重点在于灯罩，用高纯度色彩表现时，一般只选用一种马克笔，受光面不画或少画，主要画背光面。对于通体发光的球形灯具也要找出明暗面，必定有一部分是最亮的，另一部分相对较暗，着色时只画暗部即可。千万不能将灯具的发光体画成家具般的立体效果。灯具散发出来的光只有在少数昏暗的环境下，才会用较浅且纯度较高的黄色来简单表现。

▲灯具单体着色表现

▲灯具单体着色表现

▲灯具单体着色表现

扫码看视频

4.3.6　电器设备单体着色表现

设备是指室内设计手绘效果图中的洁具、电器等物品，这些都是现代效果图中必备的构件。设备表现方法与家具类似，但是又明显区别于家具，它没有家具材质、色彩的复杂多样，在效果图中主要起到点缀作用。但是设备能反映时代感，如最新款的冰箱、电视机等设备能让效果图增色不少。

形体较大的电器设备一般位于画面边缘，且自身的颜色较浅，如冰箱、洗衣机等。着色时，要强化亮面效果，适当留白，暗面一般紧贴墙或其他家具，因此颜色可以用深灰色。

电视机与计算机显示器的屏幕是画深色还是画浅色没有定论，一般位于画面中央或处于正面角度的显示器可以用浅蓝色表现，也可将显示器屏幕当作反光面来表现。位于侧面且屏幕面积很窄小时，可以选用深灰色，并用白色涂改液绘制高光。

由于设备表面大多是塑料、金属等反光度较高的材质，因此在亮面、过渡面可以采用涂改液点白，既能表现高光，又能表现出明暗对比，进一步丰富画面效果。

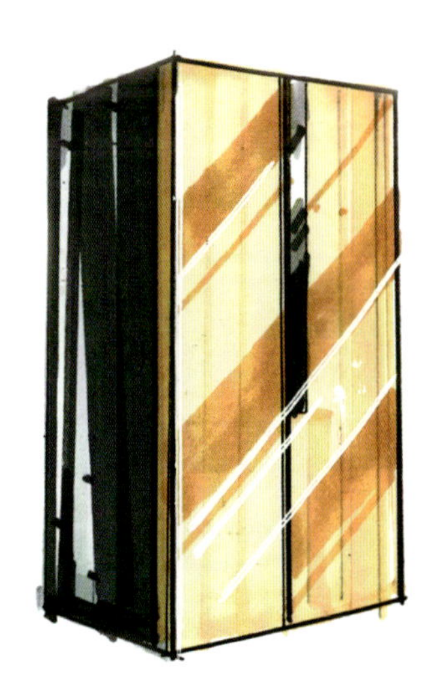
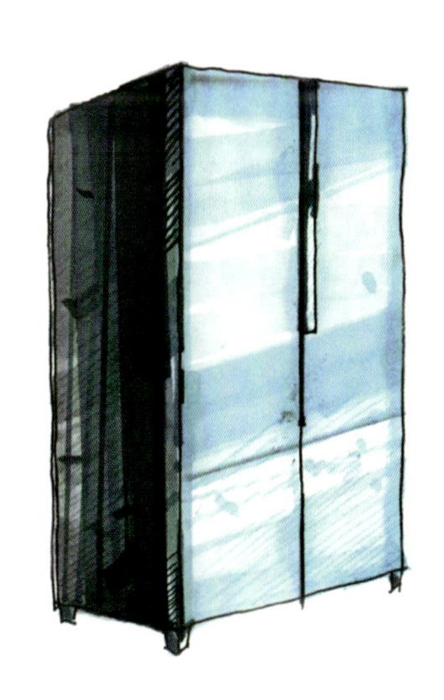

▲电器设备单体着色表现

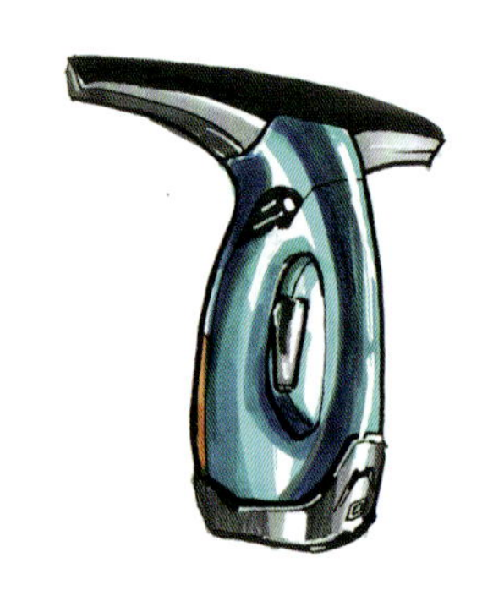

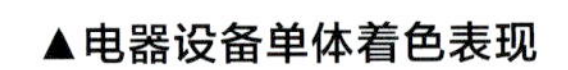

▲电器设备单体着色表现

▲电器设备单体着色表现

扫码看视频

4.3.7　门窗与窗帘单体着色表现

在室内设计效果图表现中，门窗是室内空间立面上比较重要的组成部分，门窗的处理会直接影响画面的整体效果。可以将门框、窗框尽量画得窄一些，然后添加厚度，这样才会显得具有立体感。一般凹入墙体的门窗在上沿部分都会产生投影。

门窗玻璃颜色的选择一直是初学者比较纠结的，不知道用什么颜色来表现。其实，玻璃颜色来自周围影像的反射，通常用中性的蓝色、绿色来表现，至于选用哪些标号的马克笔就没有定论了。对于门窗玻璃着色应选用固定模式，不要随着环境的变化来选择。如果门窗玻璃面积大，周围环境简单，可以在玻璃上赋予 3 ~ 5 种深色；如果门窗玻璃面积小，周围环境复杂，可以在玻璃上赋予 1 ~ 2 种深色。颜色的选用一般首选深蓝色与深绿色，为了丰富画面效果，可以配置少量深紫色、深褐色，但是不要用黑色。

▲门窗单体着色表现

窗帘有着缤纷的色彩，在具体装饰中可使空间效果丰富多彩。窗帘柔软的质地、明快的色彩可使室内氛围亲切、自然。对于不同的材质运笔应该有变化，以体现窗帘的华贵、朴素等不同的感觉。可运用轻松的笔触表现柔软的质感，与其他硬材质形成一定的对比。

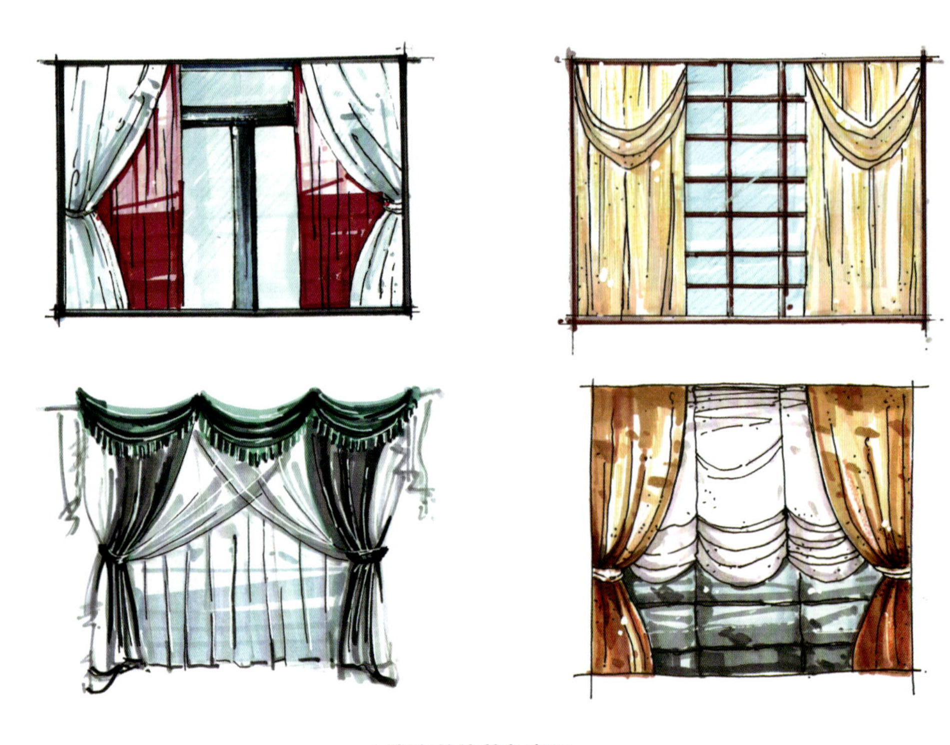

▲窗帘单体着色表现

▲门窗与窗帘单体着色表现

扫码看视频

4.3.8 背景墙单体着色表现

墙面是室内空间绘制的重要组成部分，很多初学者对墙面无从下手，比如不知道墙面着色时该选用什么颜色。对于这一点必须要说明，室内效果图体现的是设计效果，白色墙面没有设计，自然也就没有效果。效果图绘制的过程也是设计的过程，一定要选择空间中1～2面墙作为主体设计对象，并在墙面上设计不同的造型，并赋予各种材料，或者将墙面当作家具来绘制，这样才能很好地表现墙体效果。墙面的整体明度、色彩对比不能超过家具，一般不用深灰色或黑色来绘制暗部，对形体的刻画细节也不能超过家具主体。也要把握好主次关系，不需要对画面中所有墙面都进行精细刻画，不重要的白墙可以从底部向上用马克笔简单覆盖浅色即可。

▲背景墙单体着色表现

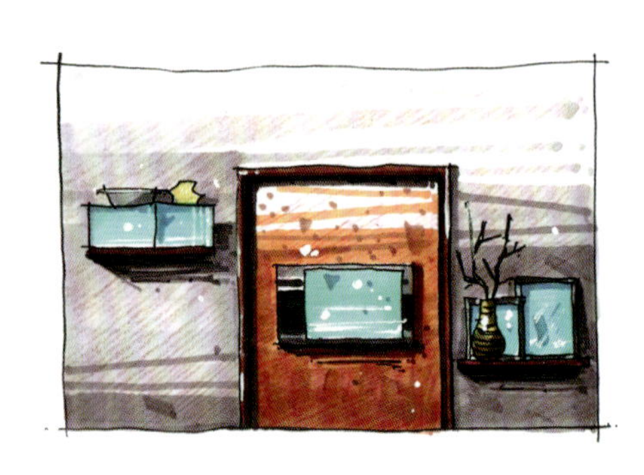

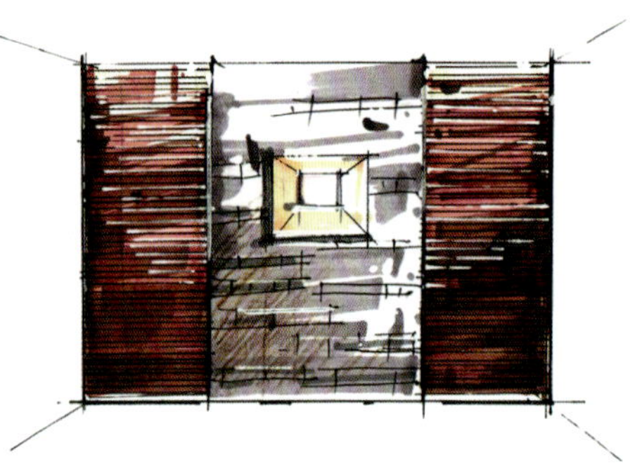

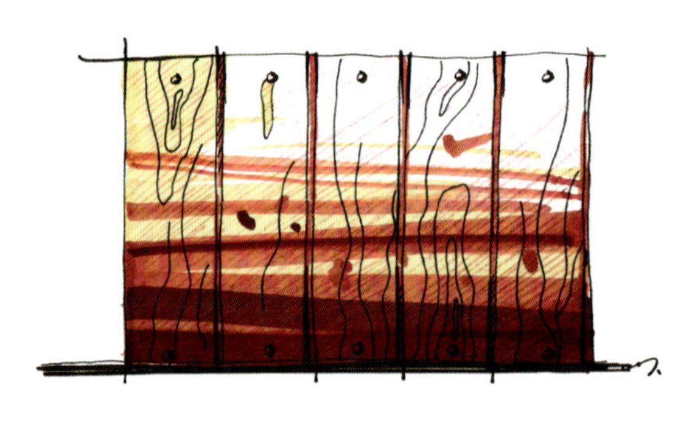

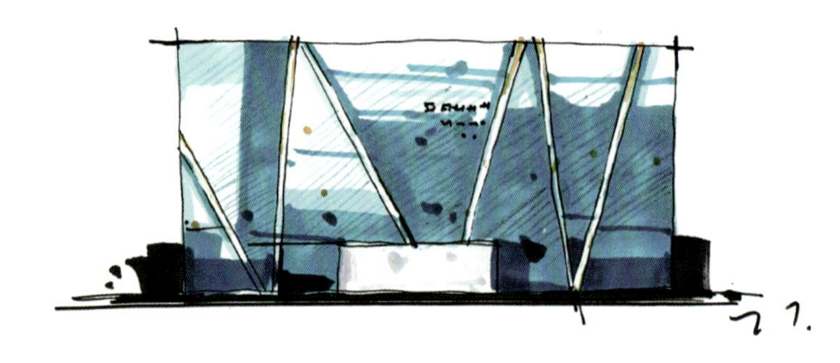

▲背景墙单体着色表现

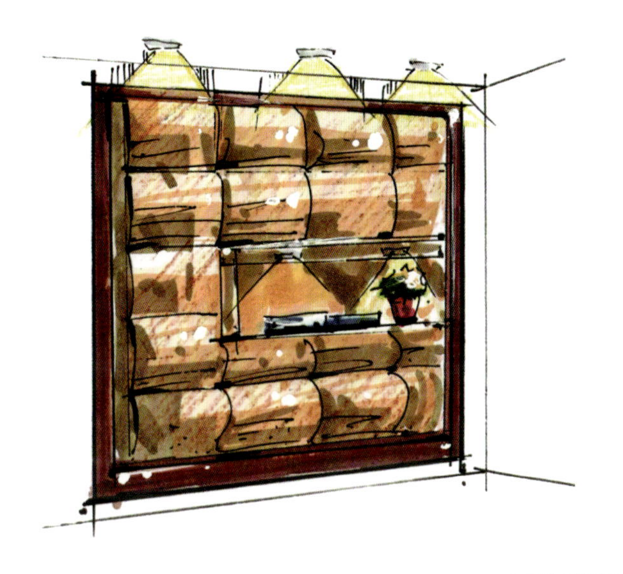

▲背景墙单体着色表现

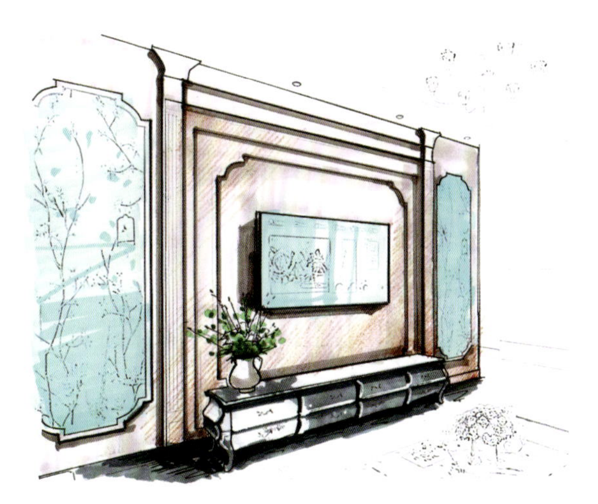

▲背景墙单体着色表现

扫码看视频

手绘贴士

在室内设计效果图表现中要特别注意，不是所有墙面都是背景墙，不能对所有墙面都作细致刻画，否则会喧宾夺主。在效果图构图时就要注意背景墙的选定，选择画面中最主要的墙面为背景墙，它的面积应当足够大，而且所处的位置是最醒目的。

在着色时，要区分背景墙与主要家具，应当选择其一来进行重点绘制。当背景墙颜色选定为深色时，那么墙边的家具应当为浅色。同样，背景墙为浅色，那么家具就为深色。只有这样，两者才能形成深浅对比的效果。此外，墙面着色应当是中间浅，上下较深，形成良好的光照效果。在运笔上，两者也要注意区分，不能都向同一个方向运笔或排列线条，避免单调。

4.3.9 植物单体着色表现

室内绿化植物大多是指盆栽观叶、观花植物，少数大型室内空间中会有小型灌木。进行效果图表现时要将花卉的形体结构区别于常见的绿化植物，当常见的灌木多以直线、曲线条来表现时，花卉可以用圆形、三角形、多边形来表现。

花卉所处的高度一般与地面比较接近，着色时需要在明暗与色彩这两重关系上表现出绿叶的衬托效果。首先，注意明暗关系，花卉周边的绿色应当较深，灌木着色时可以预留花卉的位置，或者先画花卉，再在花卉周边绘制较深的绿色，这样能通过明暗对比衬托出浅色花卉。然后，注意色彩关系，单纯的绿叶配红花会显得比较僵硬，花卉的颜色应当丰富化，橙色、紫色、浅蓝色、黄绿色都可以是花卉的主色，并且可以相互穿插，多样配置。如果只选用红色，那么尽量回避大红、朱红之类的颜色，否则红绿搭配会格外显眼，会削弱主体建筑、景观的视觉效果。最后，可以根据需要适当绘制 1 ~ 2 朵形体较大的花卉，选择一深一浅两种同色系颜色来表现体积感，甚至还可以在亮部点白以表现高光。当然，这类处理不要大面积使用，容易喧宾夺主。

植物形态工整而有变化，颜色浓郁饱和，成片生长。表现时先用马克笔直接上色，笔触随着植物的变化和穿插而变化，注重植物的大致节奏和方向性，之后再适当用钢笔勾线即可。

树叶应表现得极为自然、飘逸，形态也应刻画得极为茂盛、丰满，叶片的层次感也应表现得极为丰富。

南方特有的花卉三角梅，颜色艳而不俗，显得特别干净和耀眼，其花瓣较小，很适合用马克笔的小笔触来表现，但不能画得过于零碎无章，任何花卉都有聚散关系，要注意表现对比和疏密。

马克笔真正的精髓在于表现明暗对比关系，在花卉的表现上特别突出，浅色植物被深色植物包围，而深色植物周边又是浅色墙面或家具，绿化植物自身又有比较丰富的深浅对比效果。因此，只要掌握好运笔技法与颜色用量，就能表现满意的画面效果，要注意虚实变化，注意植物暗部与亮部的结合。马克笔点画的笔触非常重要，合理利用点笔，画面效果会显得自然生动。

▲植物单体着色表现

▲植物单体着色表现

▲植物单体着色表现

▲植物单体着色表现

扫码看视频

手绘贴士

绿化植物的着色技巧：

（1）同色系的明暗对比。在同一种绿化植物上，选用同一色系中浅、中、深 3 种不同颜色的马克笔着色，先用浅色大面积铺色，再用中色覆盖一部分浅色，最后用深色覆盖一部分中色，这样的层级效果最容易表现出层次感。（2）灵活多变的点笔和挑笔。善于采用点笔和挑笔技法来丰富画面效果，这两种运笔可以不局限于轮廓线条以内，还可以随意点到轮廓以外来表现多样的枝叶形态。

（3）善于运用涂改液。在深色部位点涂涂改液能表现出枝叶间镂空的效果，进一步丰富画面，让整体效果更精致、更自然。

4.4 构成空间着色表现

室内空间感通常用拉开景深的手法来处理，如色彩冷暖变化、明暗过渡变化。

色彩冷暖变化与空间感的处理密切相关，是真实的质感色彩表达。空间的设计重点是远近虚实的变化处理。明暗过渡是指光的表现，不同的材质在光的影响下都会产生变化，室内光的效果是固定的，而在日光影响下空间会产生多种变化，这种变化多体现于天花和墙面，空间感的处理方式有远深近浅、远浅近深等。

4.4.1 家居空间着色表现

在下图家居空间着色中，注意透视形体结构的同时，还要注意物体摆放的位置和比例关系。在定铅笔稿的时候，可以先把物体投射在地面上的阴影轮廓定准。很多书上会教大家用定地格的方法来定出物体的位置和比例，这种方法比较准确，但是略显呆板。不能定得太死，毕竟手绘是一种很感性的表现方式，需要作者表达自己的想法和感觉。客厅中功能区域比较多，重点在于分清主次、虚实关系。通过强调、取舍来表现空间感，通过固有色及光源色表现空间冷暖关系。

在线稿的基础上确定画面的色调及冷暖关系之后，便可以开始从画面主体着色。根据色调要求逐步完成从近景到远景，从主到次的基本色彩绘制。对墙面、天花、地面进行着色，要用大笔触快速运笔，对于冷暖及光影变化，要在色彩未干时进行过渡表现。同时加强投影，强化立体感。完成整体着色后再根据画面需要进行调整。对主体物进行深入的刻画，调整细节与画面的关系，利用彩色铅笔和涂改液刻画材质及处理亮部。

临摹 1 张 A4 幅面室内空间着色画稿，分析重点设计对象和构图，对不同质地的家具、墙面、配饰进行着色，深入刻画细节。对不同家具的亮面、过渡面、暗面进行比较分析，明确区分不同家具之间的关系，要对亮面与过渡面的表现进行归纳并记忆。自主选择 2 张室内空间照片，绘制 2 张 A4 幅面室内空间效果图。

手绘贴士

住宅室内效果图着色的重点在于地面与投影颜色应当深，从而强化整个画面的色彩层次。顶面不应着色过多，否则会让人感觉很压抑，画面会显得很脏。此外，构图与取景角度也是重点，最佳视角要求能表现主要背景墙或具有装饰效果的构造。

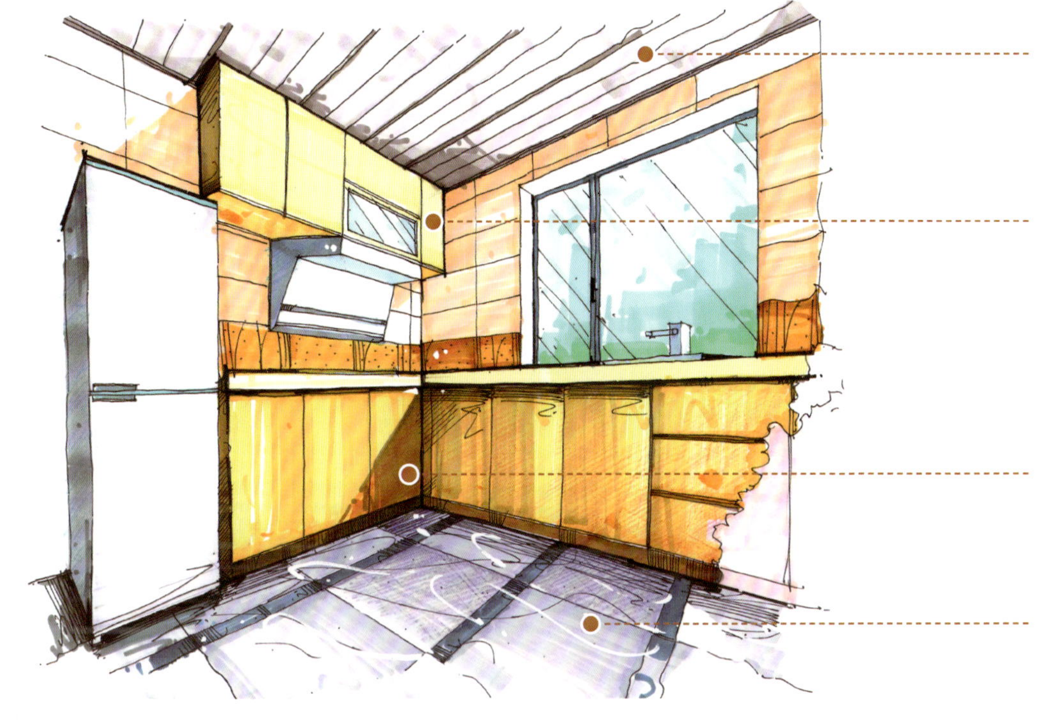

较深颜色的吊顶能衬托浅色家具。

面向窗户的受光面颜色较浅。

绘制出深色投影，表现出强烈的光感。

采用白色涂改液表现地砖的反光。

在住宅空间中，由于层高较低，顶面颜色不应绘制过多，以免让人感到压抑。

墙面高处色彩不应过多，用少许浅色即可。

抱枕的颜色尽量多样化，与深色的床上用品形成对比。

位于画面边缘，且距离较远的家具设备应当弱化色彩对比，形成一定的空间距离感。

▲家居空间着色表现

4.4.2 办公空间着色表现

在下图办公空间着色表现中，从天花板的造型开始画起，注意结构转折和空间透视。画的时候从近往远推，近处处理应细致，远处处理应概括。空间层次仍是近处桌椅细致，远处座椅概括，并注意整体的透视关系。用规整的线条表现天花板及地面的材质，透视要准确。进一步深入表现空间的层次关系，将办公椅材质细节表达清晰，同时表现出空间中的阴影和地面反射效果。颜色要注意“近亮远暗”，这样才能将空间的进深感体现出来。家具上色时不要涂得过满，要注意留白，这样看上去才会显得透亮。

用较深的颜色将吊灯的浅色衬托出来。

玻璃反光效果用彩色铅笔表现，且色彩要区分于墙壁，并将深色家具构造衬托出来。

由于顶部构架颜色较深，吊顶颜色应当较浅，少着色。

强化家具在地面上的阴影。

▲办公空间着色表现

顶面要根据结构来运笔，颜色应与地面呼应。

位于画面中央的墙面造型应当细致刻画。

办公桌面与显示器通过高光来提亮。

地面上要选择一些深色部位来衬托浅色构造。

彩色铅笔排列线条主要用于大形体块的面域内。

进一步加深办公桌与座椅底部的阴影。

画面上形态不完整且位于画面边缘的沙发可以少许着色。

用白色涂改液适当勾勒地毯材料的轮廓，以强化反光。

▲办公空间着色表现

4.4.3 商业空间着色表现

在下图酒店大堂着色表现中，空间场景很大，进行效果图表现时必须强调这一特点。因此，画第一笔前就要具备这样的想法，继而才可以完全表现其特点。建筑结构与空间透视要表现正确，添加人物也要注意其行走动态、组合关系、近大远小，不要随意添加，否则会杂乱无章。

逐步完善其空间内部结构、光影关系，并适当画出背光面的暗部和物体的投影，注意不可过度刻画，要为上色做准备。首先，用马克笔画出明暗、结构关系，先留出远处的白色，这一步主要是上大体色，要注意色调，不可用色过多。然后，用马克笔适当画出受光面颜色，为了避免暗部沉闷，也要融入些暖灰色。再逐步进行颜色的冷暖及明暗过渡，注意体现建筑内部的延伸感和空间感，人物在空间中的作用很重要，要细心刻画。最后，整体调整，着重加强地面颜色和投影刻画，强调空间的节奏、变化。

运用点笔强化玻璃的颜色层次。
着色时排列笔触统一层次。
墙面颜色与顶面颜色形成一定呼应。
用深色将灯光光斑衬托出来。
从下向上强化层次且让颜色逐渐变浅，笔触应当统一。
块状地面交替加深着色。

▲咖啡奶茶店着色表现

顶部结构中颜色应当单一，过渡自然。

可以在顶部构造的轮廓上用白色涂改液绘制高光，且高光保持平行。

主体墙面设计为浅色，能被周边深色所衬托。

强化墙面在地面上的阴影。

▲餐厅着色表现

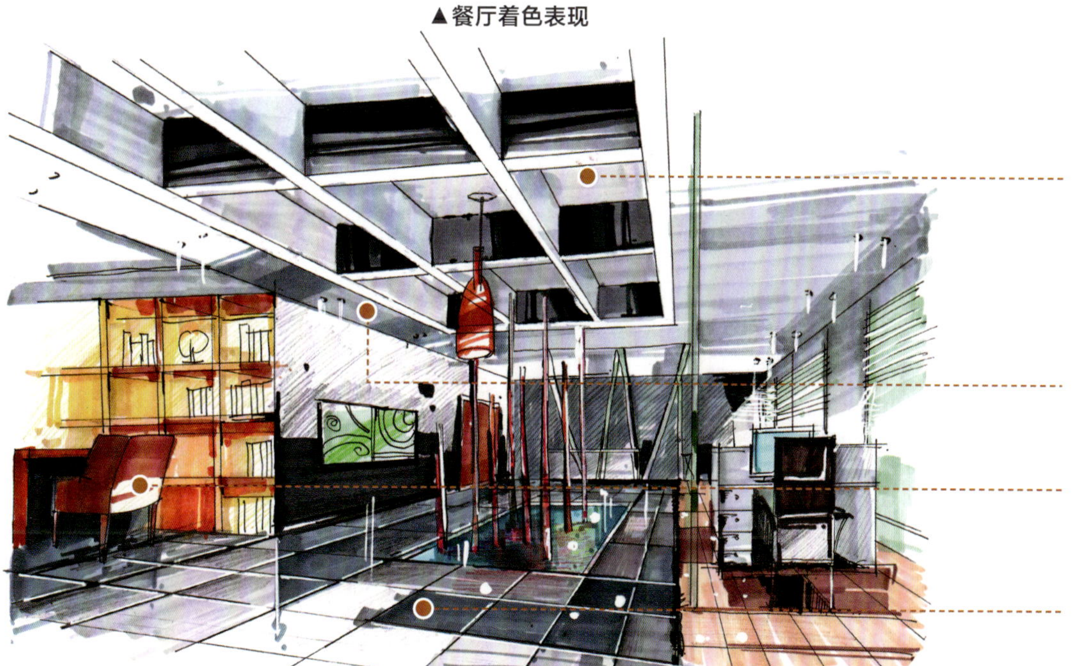

顶面色彩不宜都用单一的冷灰色，可以适当穿插暖灰色来表现地面的反光。

用白色涂改液或白色笔对筒灯适当点缀，以强化装饰效果。

座椅背面用简洁的笔触来概括。

深灰色同样也要采用不同的冷暖色对比来搭配表现。

▲商场走道着色表现

第9天 中期总结

自我检查、评价前期关于室内效果图的绘画稿，总结形体结构、色彩搭配、虚实关系中存在的问题，重复绘制一些存在问题的图稿。

用涂改液来强化反光较强的轮廓。

在顶部构造中采用深色来表现外部强烈的光照。

用彩色铅笔排列线条来统一条形柜台。

强化近处家具的地面投影。

▲酒吧着色表现

顶棚上笔触横向绘制，左右一气呵成，表现出整体感。

分隔墙面装饰造型应当细致刻画。

远处绿化植物为浅色，衬托出主体深色地面。

远处场景简单表现出色块区分后，用彩色铅笔排列线条覆盖。

▲咖啡厅着色表现

05

步骤表现

识别难度

★★★★☆

核心概念

步骤、着色、细节。

章节导读

本章介绍 6 种常见室内设计手绘效果图的表现步骤，对每幅作品分 5 个步骤绘画，同步指出表现细节，重点讲解每一步的运笔技法和色彩搭配，提出室内手绘效果图的关键技法并进行深入分析。

5.1 家居住宅效果图表现步骤

本节绘制一幅住宅客厅效果图，主要表现多个界面的主次关系，重点在于绘制家具。

首先，根据参考照片绘制线稿，对主体对象的表现尽量丰富。然后，着色，快速将画面的大块颜色定位准确，深色的地面与阴影能衬托出较浅的沙发。接着对沙发与电视背景墙深入着色，墙面的色彩浓度不要超过家具。最后，对局部投影深色进一步加深，用涂改液将电视与灯具作点白处理。

▲参考原图

将复杂顶面灯具结构绘制出来，它位于空旷顶面，能平衡画面重心。

近处家具与陈设品可以细致刻画，用于平衡整个构图关系。

近处沙发中靠枕的蓬松感通过简洁的曲线来表现，与直线形成对比。

刻画电视背景墙造型，这是画面的重点。

▲第一步：绘制线稿

扫码看视频

第10天 家居住宅

参考本书关于家居住宅的绘画步骤图，搜集2张相关实景照片，对照照片绘制2张A3幅面家居住宅室内效果图，注重墙面的主次关系与地面投影，把握好顶面着色，避免出现着色过多、过脏的现象。

远处空间要区分相邻两面墙体。
背景墙的明暗关系要先确定下来。
基层着色运笔不用太讲究，顺应结构填色即可。

▲第二步：基本着色

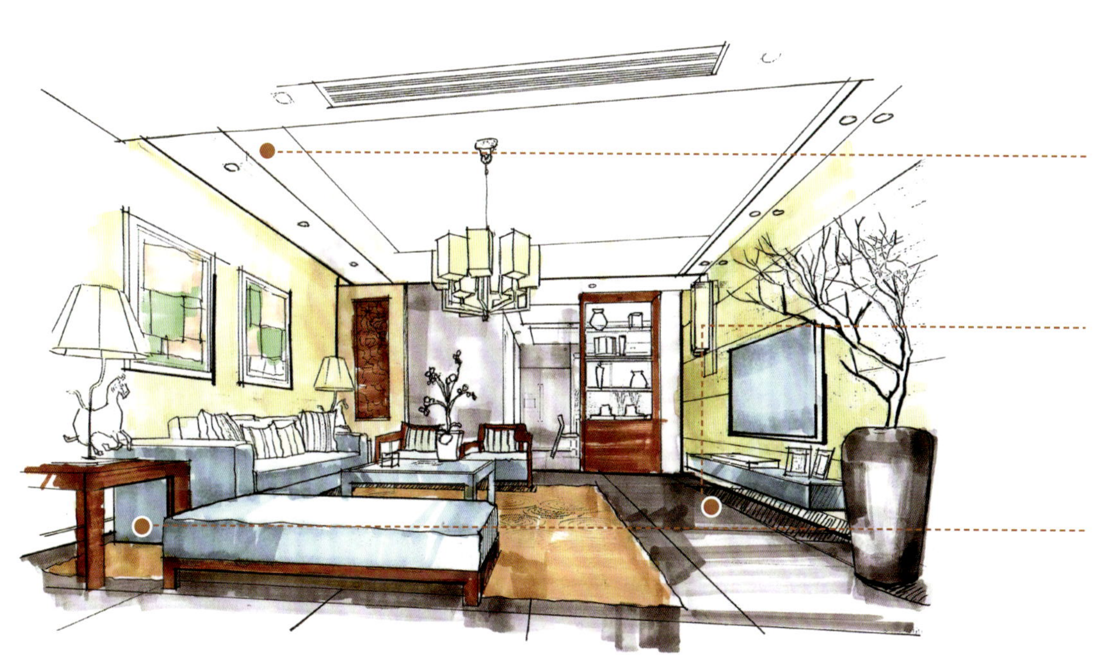

在这个步骤中，顶面空着不画。
特别深的部位在这一步也不要一次性加深到位，避免画得过深而影响后期调整。
对暗部覆盖叠加颜色，运笔尽量保持一致。

▲第三步：叠加着色

根据吊顶造型结构，将凸出与内凹形体颜色加深。
将远处空间家具体积关系表现出来。
近处沙发侧面运用笔触来区分明暗关系。

▲第四步：深入细节

顺应墙体透视结构绘制。

加深吊灯颜色，同时点白。

用彩色铅笔排列线条。

加深体块侧面阴影。

加深家具底部投影。

▲第五步：强化对比

5.2 卧室套房效果图表现步骤

本节绘制一幅卧室套房效果图，主要表现多个界面的主次关系，重点在于绘制家具与隔断。

首先，根据参考照片绘制线稿，对主体对象的表现尽量丰富。然后，着色，快速将画面的大块颜色定位准确，深色的地面与阴影能衬托出较浅的床。接着对主体家具与隔断深入着色，墙面的色彩浓度不要超过家具。最后，对局部投影颜色进一步加深，用涂改液将电视与灯具发光处作点白处理。

▲参考原图

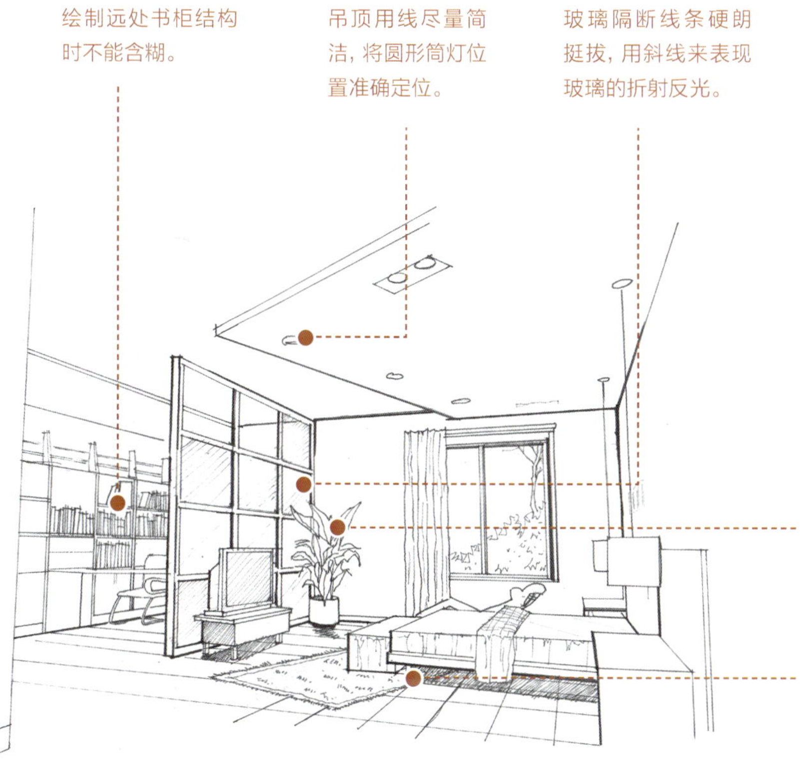

绘制远处书柜结构时不能含糊。
吊顶用线尽量简洁，将圆形筒灯位置准确定位。
玻璃隔断线条硬朗挺拔，用斜线来表现玻璃的折射反光。
清晰表现出画面中央绿化植物叶片的层次和造型。
在床的底部根据画面整体要求局部绘制一些密集的投影线条来平衡画面。

▲第一步：绘制线稿

扫码看视频

第11天 卧室套房

参考本书关于卧室套房的绘画步骤图，搜集 2 张相关实景照片，对照照片绘制 2 张 A3 幅面酒店、宾馆客房或住宅卧室的室内效果图，注重大面积空间的纵深处理，把握好远近家具结构的色彩对比。

远处墙顶面色彩要有区分。

墙面统一着色，运笔要平整。

基层着色运笔不用太讲究，顺应结构填色即可。

▲第二步：基本着色

在这个步骤中，顶面叠加一层较浅的色彩，用于区分吊顶与顶面之间的色彩关系。

在玻璃隔断周边的墙面上叠加着色，以衬托出玻璃隔断的浅色。

在地面暗部叠加颜色，笔触尽量统一。

▲第三步：叠加着色

根据吊顶造型结构，将上部顶面形体颜色加深。
将远处空间家具体积关系表现出来。
近处柜体侧面运用笔触来表现明暗关系。

▲第四步：深入细节

对灯具发光范围点白。

用点笔丰富玻璃隔断效果。

▲第五步：强化对比

5.3 商务空间效果图表现步骤

本节绘制办公室洽谈区效果图，主要将复杂的两点透视简单化。首先，根据参考照片绘制线稿，对主体对象远近家具分层，独立、精确地绘制。然后，着色，对墙面与地面分区着色，配置家具上的简单色彩，接着逐个绘制家具细节与陈设品，利用深色衬托出浅色。最后，通过短横笔与点笔来丰富画面，进一步加深地面阴影的颜色，并用彩色铅笔排列线条来统一画面效果。

▲参考原图

第12天 商务空间

参考本书关于商务办公室的绘画步骤图，搜集2张相关实景照片，对照照片绘制2张A3幅面办公室效果图，注重墙面、地面的区分，避免重复使用单调的色彩来绘制大块面域。

顶面造型简洁，是大多数办公空间的设计主流，不宜绘制复杂。

墙面装饰造型中的纹理形态应当绘制到位，为后期丰富画面打好基础。

扫码看视频

▲第一步：绘制线稿

近处家具造型是突出画面效果的主要形体，应细致刻画，将皮革的蓬松感用曲线表现出来。

直线形家具是空间透视准确度的参照，应当用尺规绘制。

▲第二步：基本着色

墙面选色不必与原图一致，可以刻意区分，尤其要与地面有明显区别。

在两点透视中，应当选择两面墙中的一面为深色，从墙角处开始着色，逐渐变浅。

地面着色时，运笔方向顺应透视方向，在接近画面边缘末端结束时笔触要整齐。

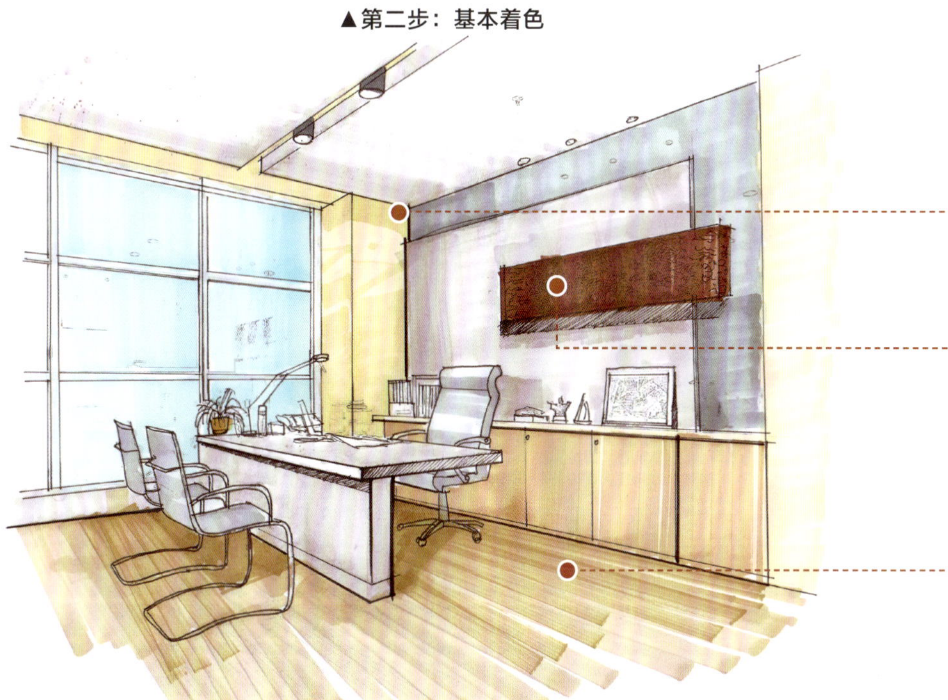

▲第三步：叠加着色

对墙面与墙面、墙面与顶面之间的区域进行叠加着色，强化对比。

对装饰造型进行叠加着色，丰富画面层次。

对地面进行叠加着色，丰富空间层次。

顶面颜色一定要浅，从远至近少量绘制即可。

确定座椅的受光面是背靠面，绘制座椅的过渡面与暗面色彩。

加深台柜上装饰画周边的颜色来进行衬托。

贴着桌面边缘，从下向上少许加深颜色，运笔自然。

▲第四步：深入细节

用涂改液与深蓝色将窗户高光与反光的效果表现出来。

用较深的颜色将台灯的浅色衬托出来。

墙面与柜体用彩色铅笔覆盖，用色彩对其进行区分。

强化家具在地面上的阴影，提高对比度。

▲第五步：强化对比

5.4 商业店面效果图表现步骤

本节绘制室内商业店面效果图，重点在于区分店面内外色彩与光照效果。

首先，根据参考照片绘制线稿，准确绘制店面背景墙框架。然后，着色，选择店面背景墙框架颜色，并绘制灯光与店内物品，接着逐个绘制背景与陈设品，不要画得过多。最后，采用涂改液增加高光与反光效果。

▲参考原图

彩灯的形态虽然琐碎，但是整体透视要准确。

将背景墙框架的结构与面域清晰绘制出来。

扫码看视频

第13天 商业店面

参考本书关于商业店面的绘画步骤图，搜集2张相关实景照片，对照照片绘制2张A3幅面商业店面效果图，注意开阔空间中货架与商品的区别与层次，适当配置灯光来强化空间效果。

弱化文字的识别度，将文字结构按照图形的样式画出来，而不是写出来。

逐一绘制店内能清晰看到的结构。

店外的近处物体更要强化表现，可以将明暗关系通过阴影及线条来强化。

▲第一步：绘制线稿

店内色调受灯光影响，选用饱和度高的黄绿色来表现。

背景墙墙面与地面先简单着色，表明色彩关系即可。

绘制画面边缘的面域时运笔应当简单且保持线条方向统一。

▲第二步：基本着色

用较深的颜色将墙面上灯光照射区域衬托出来。

地面投影适当加深。

地面笔触与透视方向保持一致。

▲第三步：叠加着色

进一步绘制店内色彩。

根据画面关系使店内其中一面墙的整体色调略深些。

将店内远处的色彩关系清晰地表现出来。

用颜色将服装的明暗层次拉开,逐渐表现出细节。

适当强化地面色彩，让画面变得更稳重。

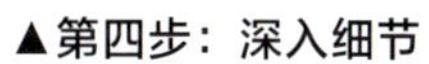

▲第四步：深入细节

可以在灯具光照区用白色涂改液绘制高光，多处高光保持平行。

用涂改液在墙面上适当点白。

用彩色铅笔强化墙角处的层次感，使其过渡渐变较为自然。

强化地面上的阴影。

▲第五步：强化对比

5.5 酒店大堂效果图表现步骤

本节绘制一幅空间较大的酒店大堂效果图，主要表现复杂的背景墙与空间的纵深感。首先，根据参考照片绘制线稿，对于主体对象中背景墙的结构，尽量绘制准确。然后，着色，快速确定主要墙面、地面等大块的颜色，颜色既要丰富又不能显得杂乱，接着简单地对左右两侧墙面上的投影进行表现，并深入刻画主体背景墙。最后，细致刻画背景墙上的体块。整幅画面中特别需要注意背景墙从下向上逐渐变浅的色彩关系，以及深色外围墙面对中央浮雕墙面的衬托。

▲参考原图

第14天 酒店大堂

参考本书关于酒店大堂的绘画步骤图，搜集2张相关实景照片，对照照片绘制2张A3幅面大堂效果图，注意主体墙面的塑造，深色与浅色相互衬托。

位于画面中心的装饰画主体形象应当准确绘制，方便后期着色。

灯具绘制应当细致，遵循透视原理，与右侧弧形建筑结构形成呼应。

弧线用慢线画，保持线条方向的一致性，将主要结构加粗。

地面结构形式可以表现纵深感，其透视应当准确无误。

主要结构可以通过直尺来绘制，从而体现空间的高耸大气，比例要准确。

▲第一步：绘制线稿

扫码看视频

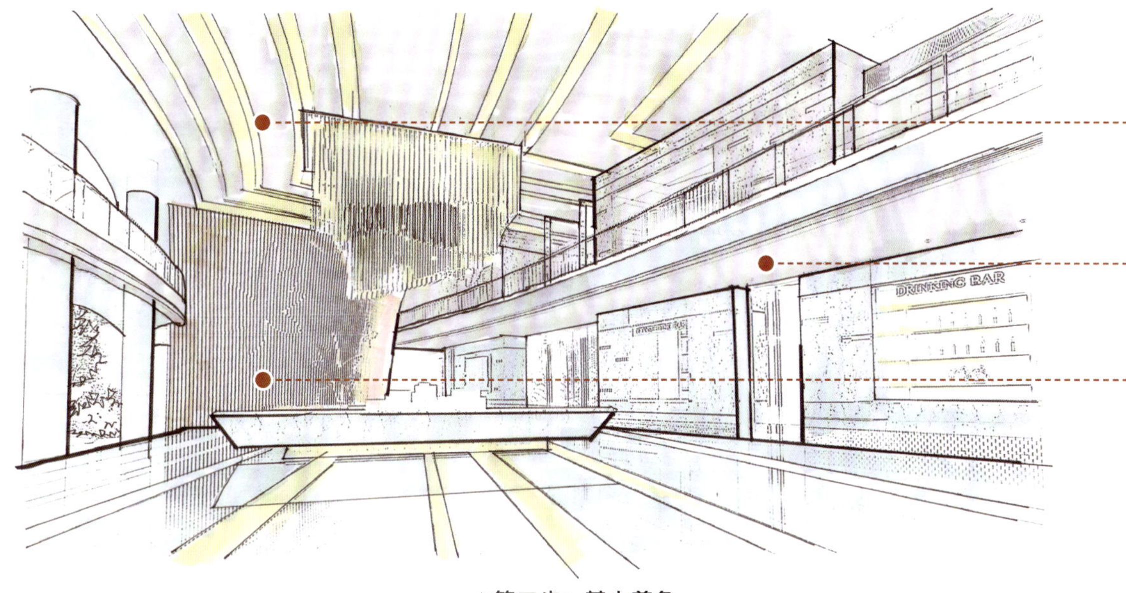

分析吊顶上的色彩关系，将不同的黄色分开绘制。

二层底部统一着色，为下一步打好基础。

在主体造型的绘制过程中，运笔可以随意些，只要不超出边界即可。

▲第二步：基本着色

对吊顶造型中的色彩逐层加深。

对墙面造型的灯光着色范围进行衬托。

使侧光面的明暗过渡层次具有一定的变化。

▲第三步：叠加着色

用深色强化边框，将层次进一步拉开。

二层底部第二遍着色加深，和立柱进行区分。

画面中心除了正常运笔外，还可以通过点笔、挑笔来丰富效果。

近处地面颜色应当较浅，区分不同的色彩关系。

▲第四步：深入细节

用涂改液将吊灯的光斑表现出来。

用深色将灯光光斑进一步衬托出来。

从下向上进一步表现层次感，且使颜色逐渐变浅，笔触应当统一。

运用点笔强化墙面层次。

▲第五步：强化对比

5.6 展示空间效果图表现步骤

本节绘制博物馆展示陈列空间的室内效果图，重点在于展示博物馆的墙面造型。

首先，根据参考照片绘制线稿，精确绘制墙面形体与透视，并强化投影。然后，着色，选准主体颜色与阴影颜色，加深暗部与阴影色彩，接着逐个给墙面背景上色，顺应形体结构来绘制。最后，采用彩色铅笔排列线条来统一画面关系并对高光点白。

▲参考原图

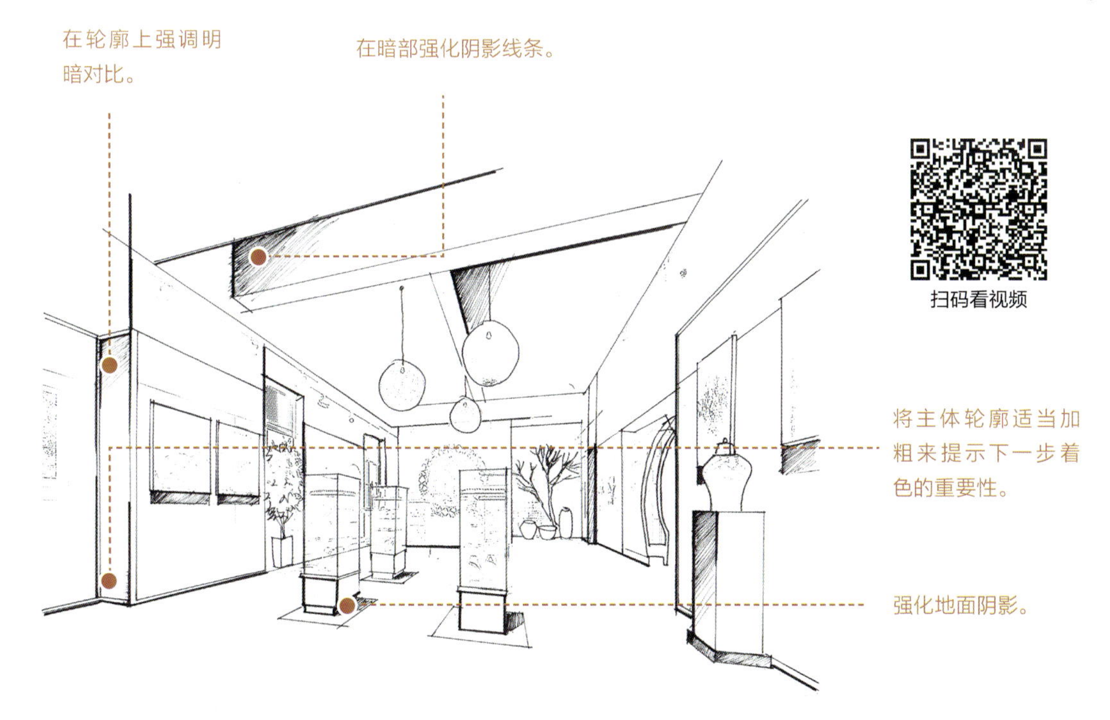

在轮廓上强调明暗对比。
在暗部强化阴影线条。
将主体轮廓适当加粗来提示下一步着色的重要性。
强化地面阴影。

▲第一步：绘制线稿

扫码看视频

第15天 展示空间

参考本书关于博物馆展示空间的绘画步骤图，搜集2张相关实景照片，对照照片绘制2张A3幅面展示空间效果图，注重取景角度和远近虚实变化，精心绘制各类展示造型。

吊顶上的运笔尽量挺括、简练。

将周边墙面颜色填涂完整。（对运笔技法没有限定）

根据主体与设计内容选用颜色，在室内灯光照射下以黄色调为主。

▲第二步：基本着色

强化展台暗部色彩。

墙面装饰画中的板块颜色分区域绘制。

墙面底色选用多种暖灰色进行叠加。

▲第三步：叠加着色

在墙面凸出造型下部增加深色，让其成为转折结构中的过渡色。

绘制玻璃展柜表面色彩。

强化家具在地面上的阴影。

▲第四步：深入细节

将涂改液高光周边颜色适当加深来衬托高光。

适当运用点笔与挑笔来丰富画面效果。

用彩色铅笔排列线条来统一暗部的整体色调。

▲第五步：强化对比

复杂的顶棚着色时可以选用多种颜色，且逐渐向上减弱。

分体块绘制造型，每块颜色逐层向上递减。

弧形楼梯的光影表现是整个画面的中心，采用冷灰色强化投影。

低层地面的结构应当绘制细致，可以先深后浅，用白色涂改液来覆盖。

▲商业空间中庭效果图表现

06

案例赏析

识别难度

★★☆☆☆

核心概念

技法、对比、平铺、点笔、线条排列

章节导读

本章介绍大量优秀室内设计手绘效果图，对每幅作品中的绘制细节进行解读，读者既可以临摹与本书相关的案例，学习其中的表现技法，又可以参考其中的表现细节，进行设计创作。

在手绘效果图练习过程中，临摹与参照是重要的学习方法。临摹是指直接对照优秀手绘效果图绘制。参照是指精选相关题材的照片与手绘效果图，参考效果图中的运笔技法来绘制照片。这两种方法能迅速提高手绘水平。

本章列出大量优秀作品供临摹与参照，绘制幅面一般为A4或A3，绘制时间一般为60～90分，主要采用绘图笔或中性笔绘制形体轮廓，采用马克笔与彩色铅笔着色，与考试要求相符。

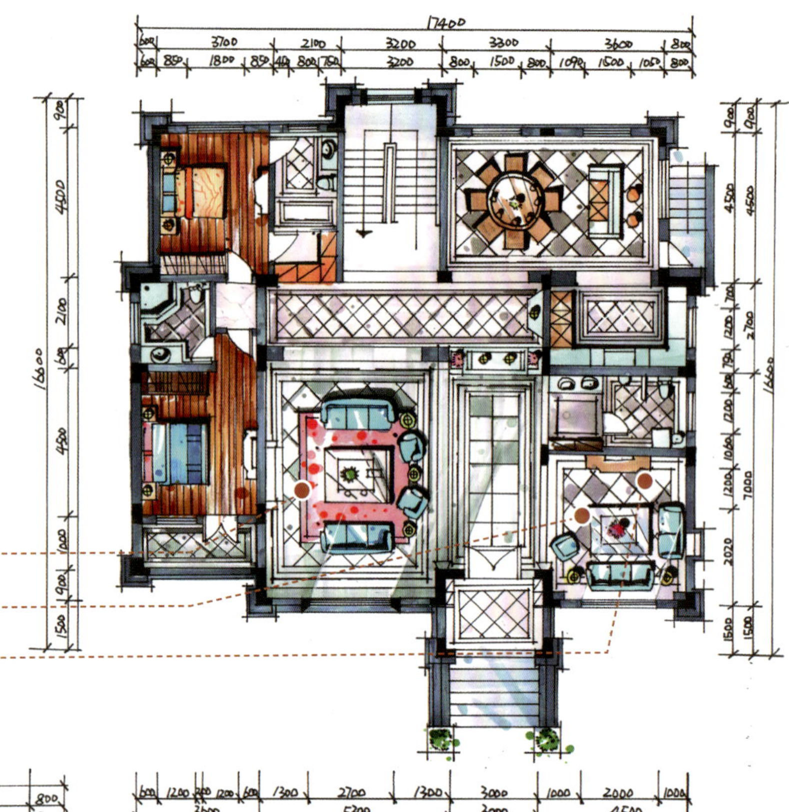

软质家具表面适当留白显得更自然。

给家具侧面增加部分阴影。

地砖着色时可以间隔几块，并选择性地填深色。

▲住宅彩色平面图

地板纹理不能均匀着色，仅表现一部分即可，避免将地面填充得过于密集。

当地面全部着色后，家具颜色或是比地面深，或是比地面浅，不能和地面的明度一样。

▲住宅彩色平面图

手绘贴士

平面图着色不是简单地平涂，仍然要求讲究虚实关系，中心部位的主体用马克笔绘制，面域较狭窄的部分可以用彩色铅笔填涂，画到边缘且无边界线时应当特别注意，可以通过逐渐拉开笔触间距来中止着色，不宜仓促结束。

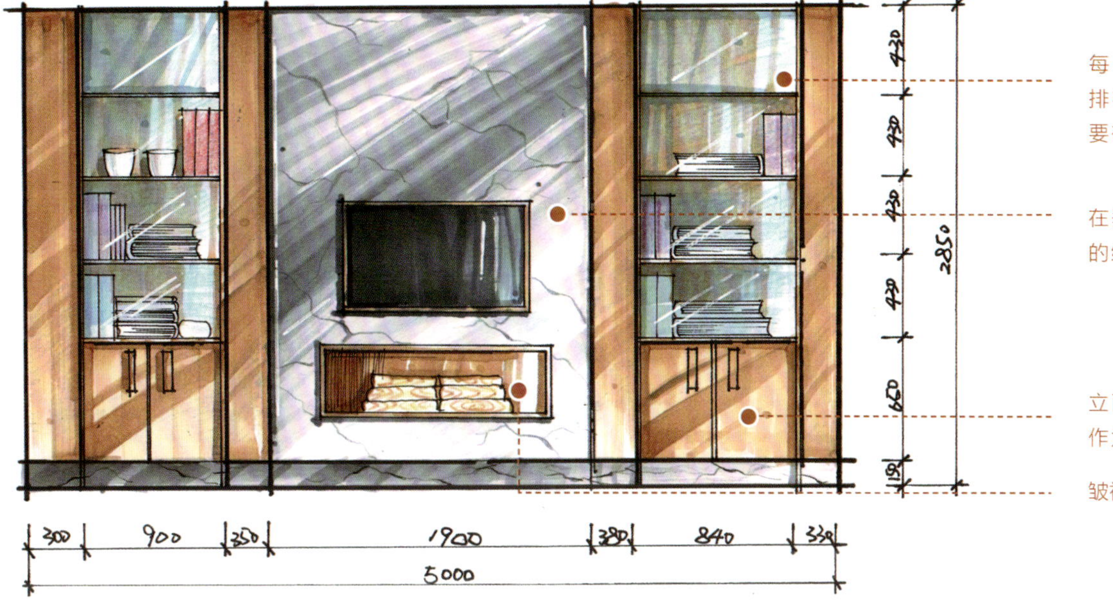

每个体块中的横线笔触排布整齐，但是着色力度要有变化。

在垂直方向绘制少量较细的线条强化层次与结构。

立面倾斜运笔，预留白色作为反光。

皱褶的高光处用涂改液表现。

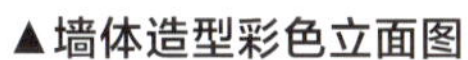

▲墙体造型彩色立面图

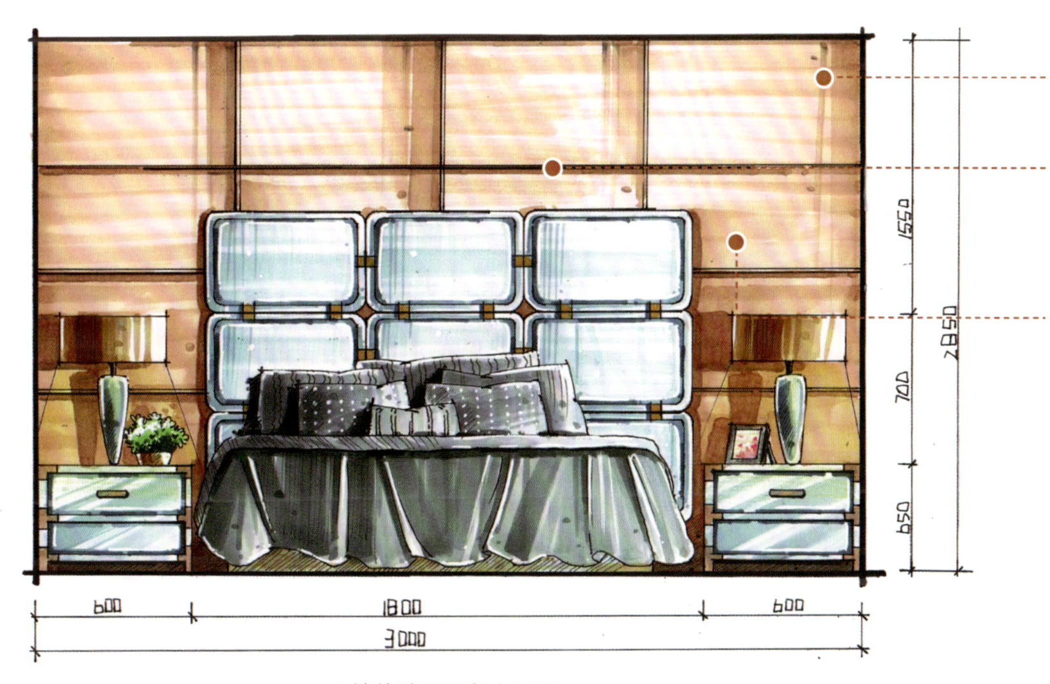

从上向下逐渐变浅，形成过渡层次。

着色时倾斜运笔，运用灰色来加深层次色。

玻璃床头背景墙上的反光用白色笔绘制。

▲墙体造型彩色立面图

采用中灰色勾勒石材纹理，丰富墙面层次。

深色区域着色时一定要细致，颜色不能超出轮廓线，否则效果会很糟糕。

弧线构造采用慢线绘制。

▲客厅室内效果图

暖灰色窗帘与软质座椅的色彩要有明显区别。

地面着色时采用多种颜色的马克笔快速交替绘制，让色彩相互渗透，具有浑然一体的视觉效果。

▲餐厅室内效果图

给墙面体块上色时,可以交替着色，并覆盖用彩色铅笔排列的线条。
深色沙发亮部少着色或不着色，强化体积关系。
用白色笔绘制地毯上的浅色图案，可在暗部再覆盖灰色。
地面着色时采用琐碎的笔触，与远处墙面形成对比。

▲客厅室内效果图

顶面选用浅暖灰色来衬托墙面造型。
筒灯光照部位采用黄色，背景色不要将其覆盖。
近处床头柜侧面有很强烈的光照对比效果。
地毯的浅色与地板的深色形成对比。

▲卧室室内效果图

柜体中央为浅色，被周边深色环绕，形成对比。

墙体侧面排列整齐的彩色铅笔线条能丰富画面层次。

近处完整的沙发形态着色较浅，被深色远景衬托出来。

▲酒吧室内效果图

顶面造型边缘运笔自由洒脱，采用了两种颜色叠加表现。

来自窗外的光照投射在墙面上，形成倾斜效果。

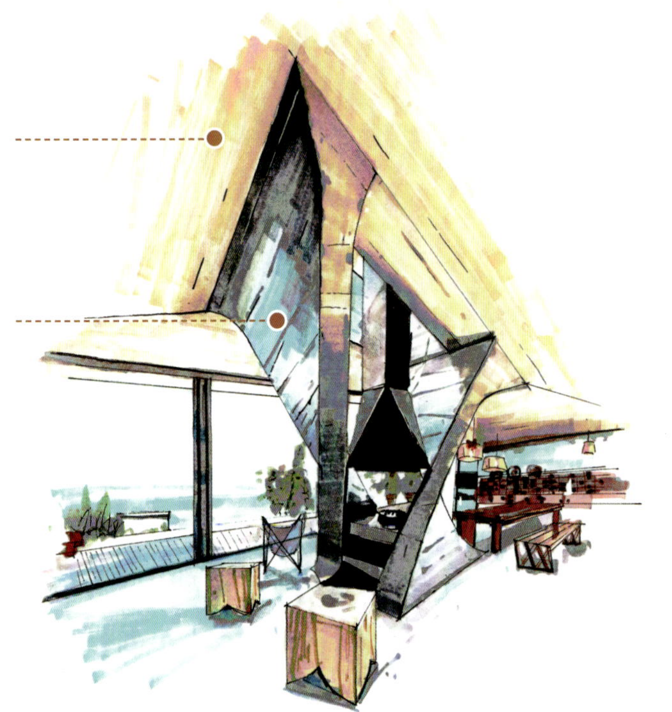

▲住宅室内效果图

较小的配饰应当绘制准确，这是衬托画面的重点。

▲阳台一角效果图

顶面和二层远处用浅蓝色来表现层次的变化。

深色地面要不断强化，配合彩色铅笔多样表现。

位于画面边缘的地面选择重点体块进行强化表现。

▲客厅室内效果图

为了表现强烈的光照，墙面用中灰色笔触绘制，并留白。

放在墙角的台面物品，应当仔细描绘形态，保持整体空间的平衡感。

处于中景中的柜体应当完整且细致地刻画。

分清受光面与暗部,表现暗部的反光效果。

▲厨房室内效果图

手绘贴士

顶面与吊顶是否需要着色，要根据整体画面色彩关系来定。如果整体画面色彩比较单一，颜色较浅，顶面可以不着色或少着色。如果整体画面色彩比较丰富，颜色较深，顶面可以选择性地少着色。总之，顶面应当少着色，或在最后调整阶段再补充色彩。此外，在住宅空间中，顶面即使有吊顶造型，一般都是白色，因为住宅空间进深小，顶面面积也不大，因此可以少着色或不着色。

接近于平行状态的多条弧线应当用慢线绘制，采用多段线拼接而成。

绘制有大型灯具的顶面造型时，笔触应当干净利落。

刻意表现来自顶面的强烈光照，给室内增添生气。

近处桌面采用深色，用涂改液来表现反光。

▲餐厅室内效果图

窗帘属于远景，应当采用留白的形式来表现体积感，不宜用涂改液。

墙体立柱分色块绘制，从下向上逐渐变浅。

受窗帘反光影响,桌面上的投影丰富,运笔利落。

沙发虽然不是完整的形体，但是细致刻画靠背能平衡整个画面关系。

▲餐厅室内效果图

顶面选用较浅颜色与地面形成对比。

由于空间进深较大，白色顶面可用浅紫色覆盖。

主题墙面造型中的颜色应当深浅交替，形成对比。

处于中景的家具应当完整且细致地刻画。

▲餐厅室内效果图

灯光在浅色基础上可以用涂改液与浅黄色表现。

屋架的固有色能衬托出顶面的浅色。

立柱造型是整幅画面的分隔构件，运笔应当精炼简洁。

近处家具应当刻画细致，这是整幅画面的重点。

▲餐厅室内效果图

竖向的光纤灯用涂改液表现深远的空旷感。

用尺规绘制平行线条来丰富造型表面的层次。

深色立杆上的笔触干净整洁，表现出光影的反射效果。

近处家具是图面重心，应当细致刻画。

▲展厅室内效果图

深灰色顶面适用于商业娱乐空间的高空，用白色涂改液来描绘吊顶造型。

白色灯具能被深灰色顶面衬托。

地面的纵深感通过弧形造型与色彩的深浅变化来体现。

画面边缘的处理可以采用弧线。

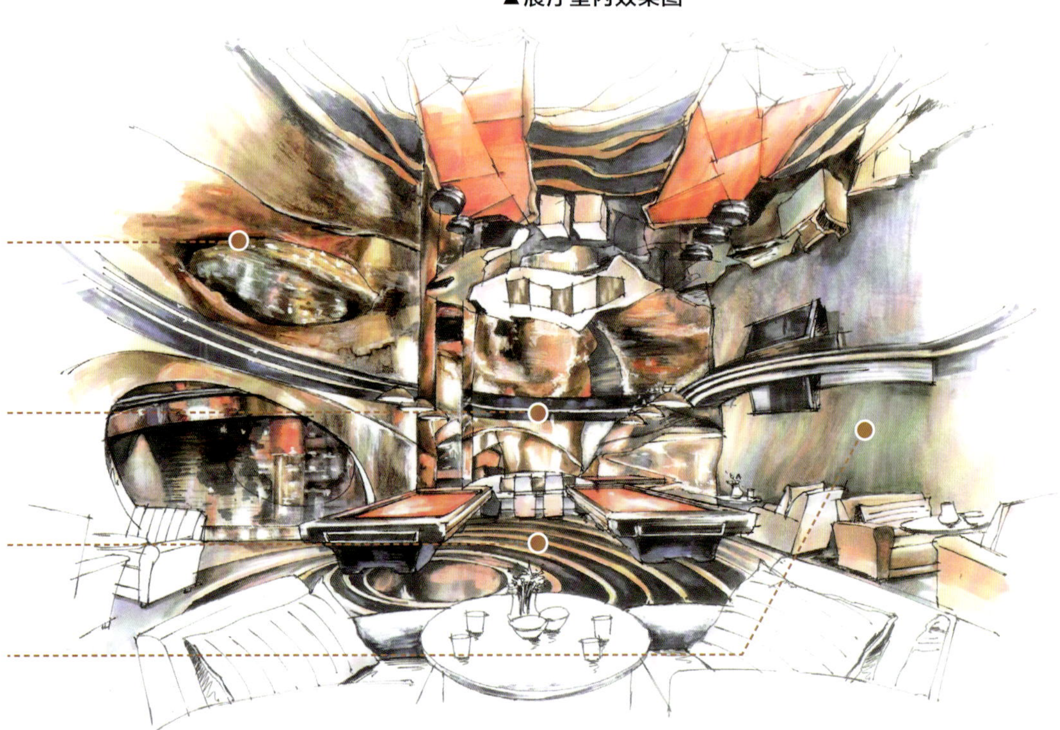

▲娱乐空间室内效果图

墙面上的暖灰色均匀平铺着色。
深色墙面内部能衬托出浅色受光面。
中空天井的受光面表现出过渡变化，利用光照来表现体积感。
清水混凝土纹理采用倾斜笔触表现。

▲建筑公共走道室内效果图

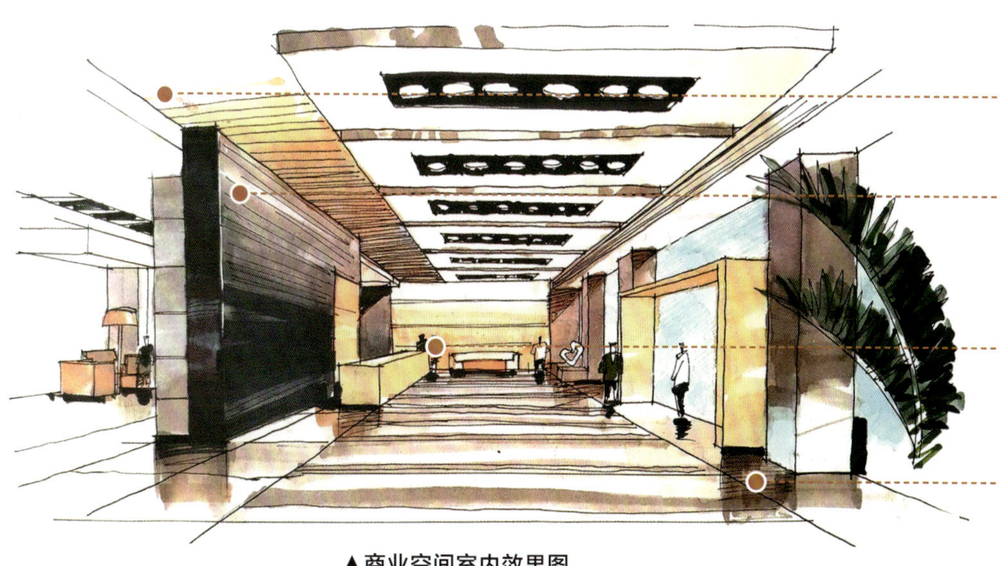

复杂的屋顶桁架结构可以在顶面色彩平涂完毕后再绘制。
强光投射到墙面上会形成明显的过渡对比。
人物在空间中的作用是为了强化空间的纵深感。
地面受光斑影响，笔触应当分开。

▲商业空间室内效果图

手绘贴士

类似中国画的水墨技法也可以用于现代效果图中，一般只选用相近的颜色，快速运笔时，让多种颜色混合，达到一气呵成的效果。这种技法并不适合所有部位，可以用于接近画面边缘的区域，达到柔和、过渡、渐变的效果。

整体色调较浅，因此墙面少着色或不着色。

窗帘选用冷灰色来强化体积感。

对于画面边缘的家具，运笔应当简练。

背景墙上部用彩色铅笔排列着色，形成哑光材料的质地。

▲卧室室内效果图

当墙面颜色较浅时，顶面可以选择深色来表现。

墙面与顶面的交界处颜色可以逐渐变深，但是要与顶面的颜色有所区分。

台灯灯下的光线用浅黄色绘制，横向运笔。

地板竖向运笔着色，横向强化色彩层次。

▲卧室室内效果图

装饰吊顶构造与地面形成呼应，颜色较浅。

书架位于后部，可以简单着色。

墙面受到强烈光照后效果应当比较丰富。

在强烈的光照影响下，地面投影显得很突出。

▲客厅室内效果图

位于画面边缘的构造用简单的线条与颜色概括，能起到平衡画面的作用。

深色的周边造型能衬托浅色墙面装饰造型。

在灯光外围稍加浅黄色来表现灯光效果。

采用多种色彩来表现床上用品的多样性。

▲卧室室内效果图

根据透视方向，运笔应当排列紧凑。

在较深的背景上可以运用浅黄色画出光照效果。

用多种颜色来表现沙发的多彩材质。

茶几表面物品造型尽量简洁。

地面采用三种色彩来表现材质的变化。

▲住宅客厅室内一角效果图

将顶面中部的颜色适当加深，让接近墙面的颜色变浅，与墙面衔接自然。

玻璃围合的水族馆通体透亮，需要被周边深色衬托才能凸显出来。

地面近处采用宽大的深色笔触来衬托画面的稳定感。

▲餐厅室内效果图

大面积木质顶棚采用多种深色来表现，利用涂改液提亮灯具。

光照效果需要通过深色顶棚来衬托。

面积较大的纯色墙面选用浅色。

受到顶部透光玻璃的直接照射，地面可以不着色。

▲茶艺室室内效果图

对墙面上体块统一着色，颜色从下向上逐渐变浅。

利用横条造型丰富背景墙层次，光照在造型上体现强烈的对比效果。

地面近处采用浅色笔触平铺均匀，适当用深色勾勒轮廓。

▲汽车展厅室内效果图

浅色区域吊顶着色时一定要细致，利用线条表现结构。

弧线构造采用慢线绘制。

将镂空的台阶侧面颜色加深，颜色从楼梯下方向上逐渐变浅。

▲宾馆大堂室内效果图

利用多种颜色表现顶面内部，能丰富画面效果。

简化边缘场景色彩表现。

位于中央的主体吊顶，自身的对比效果要加强。

座椅着色面积不宜过大，轮廓才能显得更简洁。

▲宾馆大堂室内效果图

复杂的横梁吊顶用直尺绘制，通过深、浅交替着色来衬托。

墙面木质造型采用暖黄色，与地面黄色形成一定呼应。

红色座椅是画面的视觉中心，由于颜色纯正，可以平涂着色后用涂改液点白。

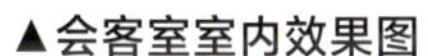

▲会客室室内效果图

阔叶植物的受光面与背光面应当清晰明了。

位于近处的侧面笔触应当简练利落。

茶几下的投影尽量加深，与周边家具形成对比。

▲室内一角效果图

大幅面装饰画中的形态绘制准确，着色时围绕周边运笔。

塑造枕头体积感的关键在于让亮部不着色。

沙发暗部反光用倾斜笔触表现。

▲室内一角效果图

先绘制窗外云彩，再绘制窗户格栅。

用浅灰色在墙面上适当表现投影。

绘制沙发背部时倾斜运笔，形成过渡渐变效果来表现反光。

地面上的自由曲线用于平衡画面重心。

▲室内一角效果图

绿化植物在画面中起到平衡构图的作用，采用三种不同的绿色来表现体积感。
螺旋线条能快速提升体积感。
沙发坐面不着色，侧面笔触简洁挺括，能表现出强烈的光照效果。
沙发底部阴影加深，强化空间感。

▲室内一角效果图

墙面色彩较浅，从下向上覆盖着色。
浅色沙发亮面不着色，通过浅灰色侧面来表现体积感。
深色暗部采用彩色铅笔与绘图笔同步强化。
尽量表现地毯纹理，不用太细致。

▲室内一角效果图

用深灰色表现装饰画的投影。

沙发侧面采用深色覆盖，再用绘图笔排列密集斜线来强化。

蓬松的地毯用点笔与摆笔来表现。

▲室内一角效果图

对深色吊顶内的结构体块化处理，不同明暗的结构相互衬托。

用涂改液表现灯光呈星状辐射的效果。

主要形体构造上最亮的部位应当在中间偏上，在此保留高光。

地面受到强光照射，因此用浅色表现。

▲餐厅室内效果图

复杂的吊顶要区分层次，上层为建筑结构层，采用暖灰色。

下层吊顶为装饰层，采用暖黄色，注意强化每个结构的体积关系。

墙面上适当选用纯度较高的颜色来提亮空间。

座椅的蓬松感与柔和感用比较弱的色彩对比来表现。

用绘图笔适当表现地面材料的纹理。

▲餐厅室内效果图

住宅室内吊顶着色尽量简化与亮化。

深色墙面通过灯光照明来形成对比，使用白色涂改液后用手指擦涂为比较浅淡的效果。

浅色床上用品能被深色背景墙与地板衬托出来。

适当强化地板缝隙能稳固画面重心。

▲卧室室内效果图

顶面结构虽然复杂，但是着色应当简化，仅表现出体积感即可。

在玻璃围合的建筑中，应当先画玻璃结构，再用各种蓝灰色给玻璃上色，最后用涂改液表现高光。

墙面用马克笔表现光影，覆盖彩色铅笔线条，具有空间延伸感。

地毯用琐碎的笔触来表现。

▲商业空间室内效果图

分层次平铺着色，采用彩色铅笔绘制局部来表现层级关系。

侧面落地玻璃采用大体块来表现折射反光，适当表现室外绿化植物。

远处形体结构应当清晰，色彩面域区分明显。

地面材料铺装采取黑白分色，利用涂改液绘制其中的纹理。

▲办公空间室内效果图

远处空间墙面采用彩色铅笔表现。

近处背景墙运笔细腻，过渡柔和，彩色铅笔要时刻保持尖锐状态。

处于背光部位的地面分两层铺色，第一层色彩饱和，笔触整齐，第二层色彩深灰，笔触干涩，这种效果能够与主体家具质地形成强烈对比。

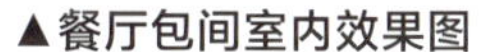

▲餐厅包间室内效果图

光源来自中央顶面，周边立柱与横梁的明暗关系都应当与之保持统一。

窗外天空着色时应当适当留白，表现出白云的形态。

中远景的家具形体清晰，色彩对比相对较弱。

近处中央的浅色家具被深色家具环绕，形成较强的对比。

▲餐厅室内效果图

深色窗帘着色时运笔应当挺拔有力，用深色表现出褶皱的立体效果。

茶几侧面着色可以根据光照方向保留部分空白。

采用马克笔交叉细线来表现浅色剑麻地毯。

▲客厅室内效果图

在粗大的装饰横梁中采用彩色铅笔来绘制木纹。

弧形装饰造型灯具在深色吊顶的衬托下显得特别透亮。

将墙面中的鸟瞰图适当着色，结构清晰，不能绘制得过于含糊。

重点表现中央沙盘模型，刻画建筑模型的形体结构与明暗关系。

▲地产营销室内效果图

对于文化石墙面的绘制要表现出每个石块的体积感，并将相邻色彩区分开。

要表现出石材强烈的反光效果，以及自然的纹理。

位于画面中心的绿化陈设品应当细致表现。

地面投影与反光用深灰色表现，笔触线条挺拔。

▲客厅室内效果图

顶部的建筑结构复杂，采取先浅色后深色的步骤进行绘制。通过绘制轮廓线来强化结构，用涂改液表现高光来强化体积感。

对于墙面着色，可以考虑采用彩色铅笔排列线条的方式来表现。

在大纵深空间中不用刻意强调远处细节。

落在台柜立面的顶棚投影应用尺规辅助绘制。

▲商业空间室内效果图

用深色来衬托浅色吊顶。

背景墙中的颜色要有深浅对比，才能体现画面重心。

接待台侧面先用灰色马克笔局部着色，再用彩色铅笔排列线条，从而表现色彩倾向。

地面上看似凌乱的着色线条，其实是为了表现顶面的投影与复杂的反光。

▲办公室内效果图

纵向材料铺装的装饰墙面着色时不能完全竖向运笔，应当配合一些浅中色交叉运笔，表现出复杂的光影环境关系。

墙面文字表现要有体积感，用深色来表现厚度。

桌面反光颜色来自吊顶与周边环境，注意深浅变化。

地面根据采光方向与距离采用两种相近的颜色绘制，运笔方向具有一定的灵活性。

▲餐厅室内效果图

▲办公空间休闲区室内效果图

在穿插的主体建筑结构中采用黄色，表现出体积感后再用彩色铅笔上色。

微妙的光影关系通过深浅不一的颜色来表现。

选择三种不同的黄色绘制受光面。

表现光照效果时注意留白，形成较强的对比效果。

用尺规辅助马克笔横向绘制，运笔速度快，形成干练利落的光斑效果。

窗帘边缘运笔应当自由洒脱，采用两种颜色叠加表现。

来自窗外的光照投射在墙面上形成倾斜效果。

背景墙上的装饰画尽量细致表现，同样要表现出体积感。

▲茶室室内效果图

07

快题赏析

识别难度

★★★☆☆

核心概念

创意、构图、色调、细节。

章节导读

本章介绍大量优秀室内手绘快题效果图，对每幅作品中的绘制细节进行解读，读者可以从中得到启发，独自创作快题作品，为考试打好基础。

快题设计是指设计者在较短的时间内将创意通过手绘的方式表现出来，最终完成一个能够反映设计者创意的具象成果。目前，快题设计已经成为各高校设计专业研究生入学考试、设计院入职考试的必考科目，同时也是出国留学（设计类）所需的基本技能，快题设计是考核设计者基本素质和能力的重要手段之一。快题设计分为保研快题、考研快题、设计院入职考试快题，不同院校对保研及考研快题的考试时间、效果图、图纸的要求不同。但是评分标准相差无几，除了创意，最重要的就是手绘效果图表现能力了。本章列出快题设计优秀作品供大家学习参考。

快题设计的评分标准：图面表现 40%、方案设计 50%、优秀加分 10%。在不同的阶段，表现和设计起着不同的作用。评分一般分为三轮：第一轮将所有考生的试卷铺开，阅卷老师浏览所有试卷，挑出在表现与设计上相对很差的试卷作为不及格之列。第二轮将剩下来的及格试卷评出优、良、中、差四档，并集体确认，不允许跨档提升或下调。第三轮将档次量分转换成分数成绩，略有 1 ~ 2 分的分差。要满足这些评分标准，从众多竞争者中脱颖而出，必须在表现技法上胜人一筹。对于创意可以在考前多记忆一些国内外优秀设计案例。手绘是通过设计者的手来进行表现的一种表达方式，它是快题设计的直接载体，手绘是培养设计能力的手段。快题设计和手绘相辅相成。无论是设计初始阶段，还是方案推进过程，手绘水平高无疑具有很大优势。在手绘表现过程中最重要的就是融合创意设计思想，将设计方案通过手绘来完美呈现。

快题设计考试是水平测试，要稳健，力求稳中求胜。制图符合规范，避免不必要的错误；领会创意设计题意，没有忽略或误读任务书提供的线索；手绘效果图表现美观，避免明显的不合理的空间组织方式；有闪光点，有吸引评分老师的精彩之处。常规手绘表现设计与快题设计是有很大区别的。常规手绘表现设计是手绘效果图的入门教学，课程开设的目的是引导学生逐步学会效果图表现，是循序渐进的过程，作业时间较长，能充分发挥学生的个人能力，有查阅资料的时间。快题设计是对整个专业学习的综合检测，是考查学生是否具有继续深造资格的快速方法，在考试中没有过多时间去思考，全凭平时的学习积累来应对，考试时间是 3 ~ 8 小时不等。

第 16 天　快题立意

根据本书内容，建立自己的室内快题立意思维方式，列出快题表现中存在的绘制元素，如墙体分隔、家具布置、软装陈设等，绘制 2 张 A3 幅面桌游吧、电玩室等公共空间平面图，厘清空间尺寸与比例关系。

第 17 天　快题实战

实地考察周边书吧、网吧、酒吧或咖啡吧，或查阅、搜集资料，独立设计构思一处小型书吧或网吧的平面图与主要立面图，设计并绘制重点部位的立面图、效果图，编写设计说明，1 张 A2 幅面。

第 18 天　快题实战

实地考察周边商业空间，或查阅、搜集资料，独立设计构思一间中小面积茶室或服装店平面图，设计并绘制重点部位的立面图、效果图，编写设计说明，1 张 A2 幅面。

第 19 天　后期总结

反复自我检查、评价绘画图稿，再次总结形体结构、色彩搭配、虚实关系中存在的问题，将自己绘制的图稿与本书作品对比，快速记忆一些自己存在问题的部位，以便在考试时能默画。

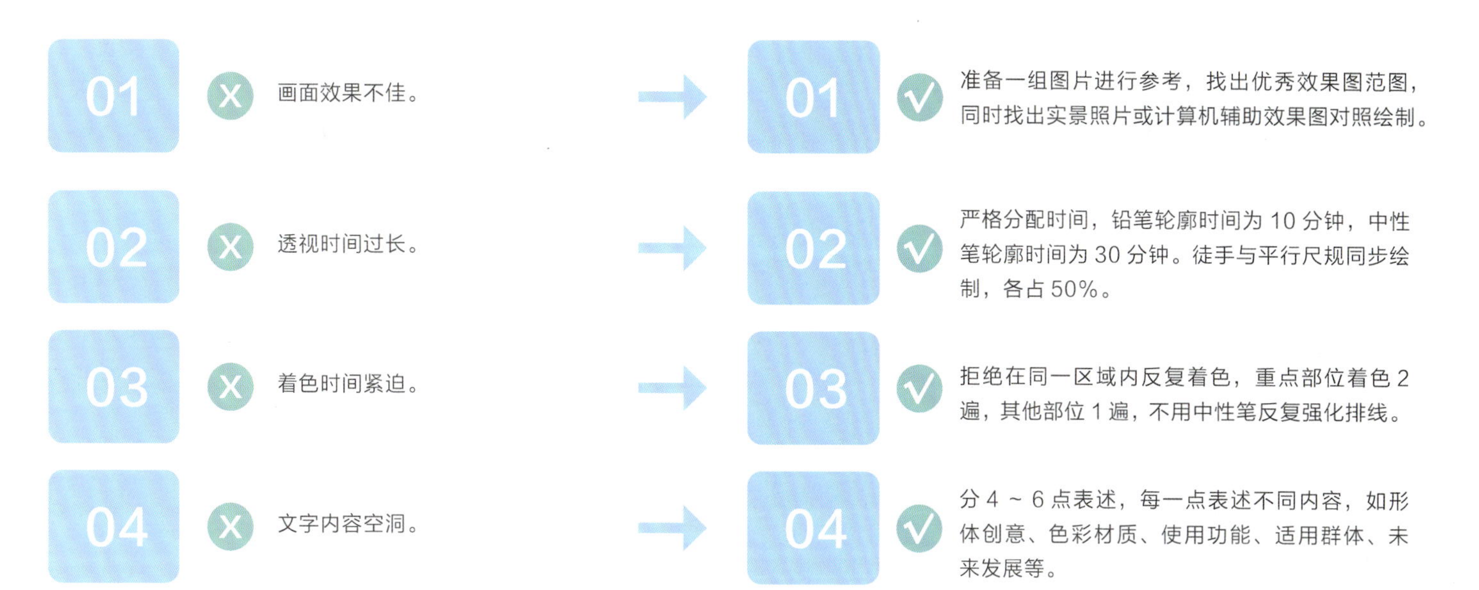
01
画面效果不佳。
01
准备一组图片进行参考，找出优秀效果图范图，同时找出实景照片或计算机辅助效果图对照绘制。
02
透视时间过长。
02
严格分配时间，铅笔轮廓时间为 10 分钟，中性笔轮廓时间为 30 分钟。徒手与平行尺规同步绘制，各占 50%。
03
着色时间紧迫。
03
拒绝在同一区域内反复着色，重点部位着色 2 遍，其他部位 1 遍，不用中性笔反复强化排线。
04
文字内容空洞。
04
分 4 ~ 6 点表述，每一点表述不同内容，如形体创意、色彩材质、使用功能、适用群体、未来发展等。

▲快题设计难点解决方案

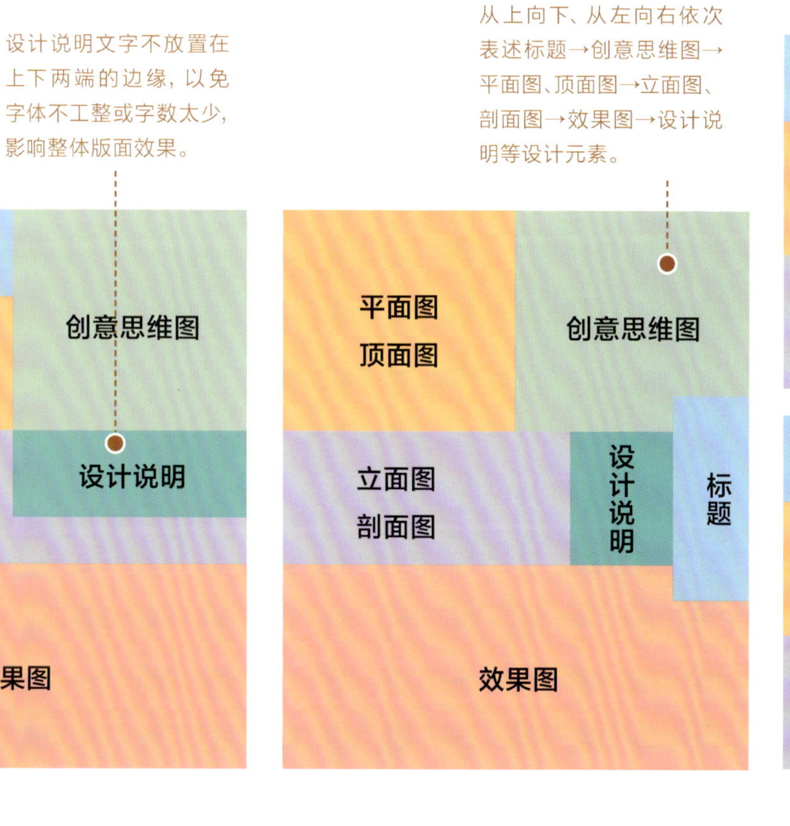
设计说明文字不放置在上下两端的边缘，以免字体不工整或字数太少，影响整体版面效果。
从上向下、从左向右依次表述标题→创意思维图→平面图、顶面图→立面图、剖面图→效果图→设计说明等设计元素。
标题
平面图
顶面图
创意思维图
立面图
剖面图
设计说明
效果图
平面图
顶面图
创意思维图
立面图
剖面图
设计说明
标题
效果图
标题
创意思维图
平面图
顶面图
设计说明
立面图
剖面图
效果图
标题
创意思维图
平面图
顶面图
设计说明
立面图
剖面图
效果图

右侧与下侧用深色压边，提升文字的立体效果。

字体框架结构要饱满，笔画尽量靠着文字边框写，可以适当打破常规书写方式。

浅色宽笔与深色细笔相互叠加，让文字更有重量感和体积感。

▲标题文字书写

设计说明是快题设计中的重要组成部分，可以分 5 ~ 6 点来表述，每一点表述不同的内容。

1. 形体创意：本设计方案为售楼部接待中心室内设计，采用具有现代风格的几何造型来塑造室内装饰造型。扇面弧形平面布置方案曲折有致，将自然生态曲线与几何造型相结合，形成强烈对比，激发商品房的生态活力。

2. 色彩材质：室内吊顶采用彩色铝合金条板装饰，在简洁的几何形体中表现出强烈的建筑氛围，悬垂的圆柱装饰杆体现了建筑构造特征。

3. 使用功能：洽谈区沿玻璃幕墙布置，具有良好的采光与景观观赏功能，弧形墙面展示房地产项目效果图等各种宣传图文信息。入口大门设在扇面弧形空间首端，潜在客户步入空间后能依次浏览墙面信息且最后到达模型展示台，能深入了解地产项目信息。

4. 适用群体：本方案不仅可以在临时建筑展示中使用，还可在过渡空间中布局，合理利用边角空间来提升地产销售的工作效率。

5. 未来发展：当地产项目销售完毕后，可以撤出活动家具，保留其他硬装修构造，能迅速改变使用功能，作为其他商业、文化空间。

▲快题设计·售楼部设计说明文字书写（许永婷）

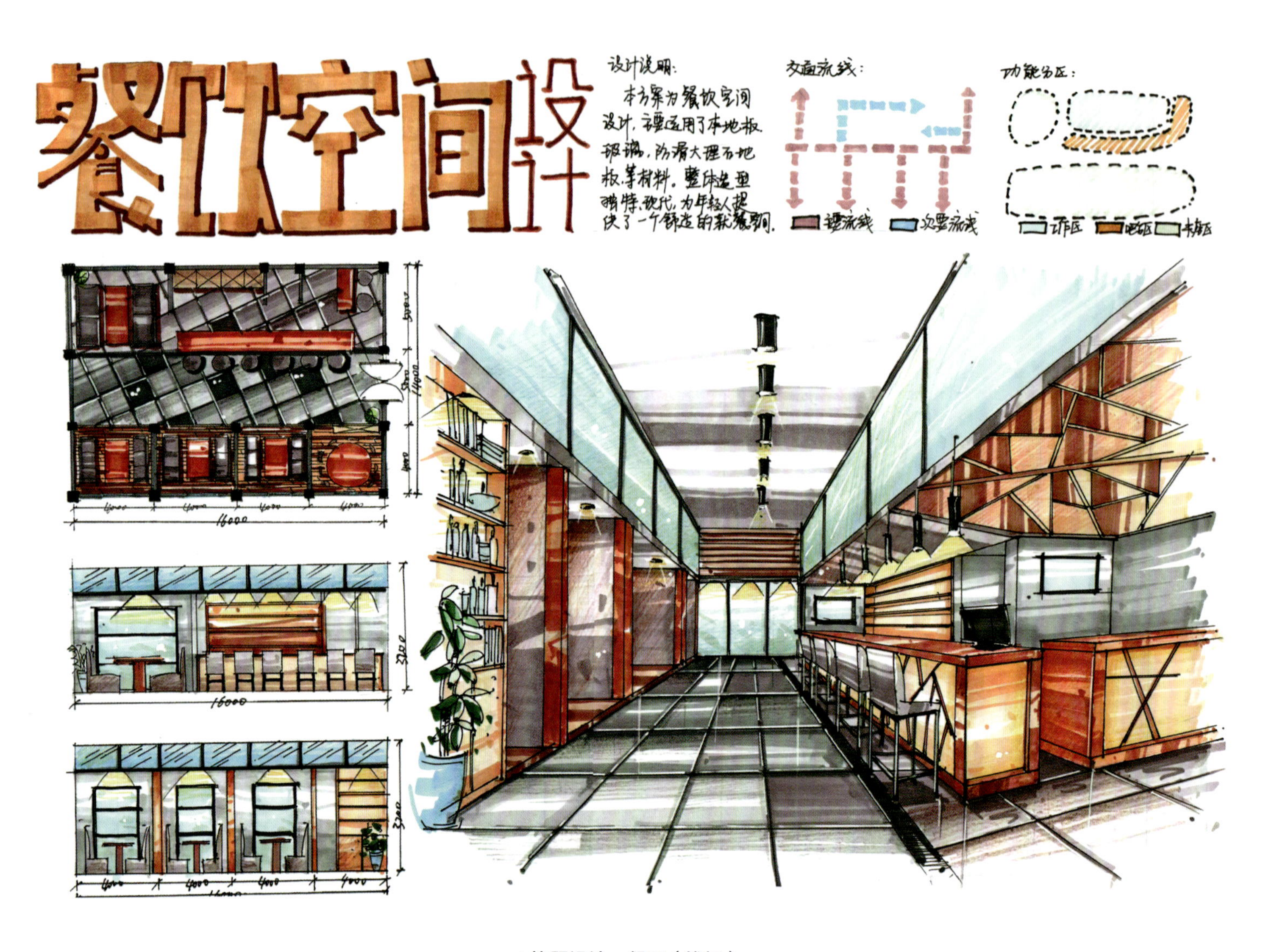

餐饮空间设计
设计说明:
本方案为餐饮空间
设计,主要运用了木地板、
玻璃,防滑大理石地
板等材料。整体造型
独特、现代,为年轻人提
供了一个舒适的就餐空间。
交通流线:
主要流线
次要流线
功能分区:
16000

▲快题设计・餐厅(钱妍)

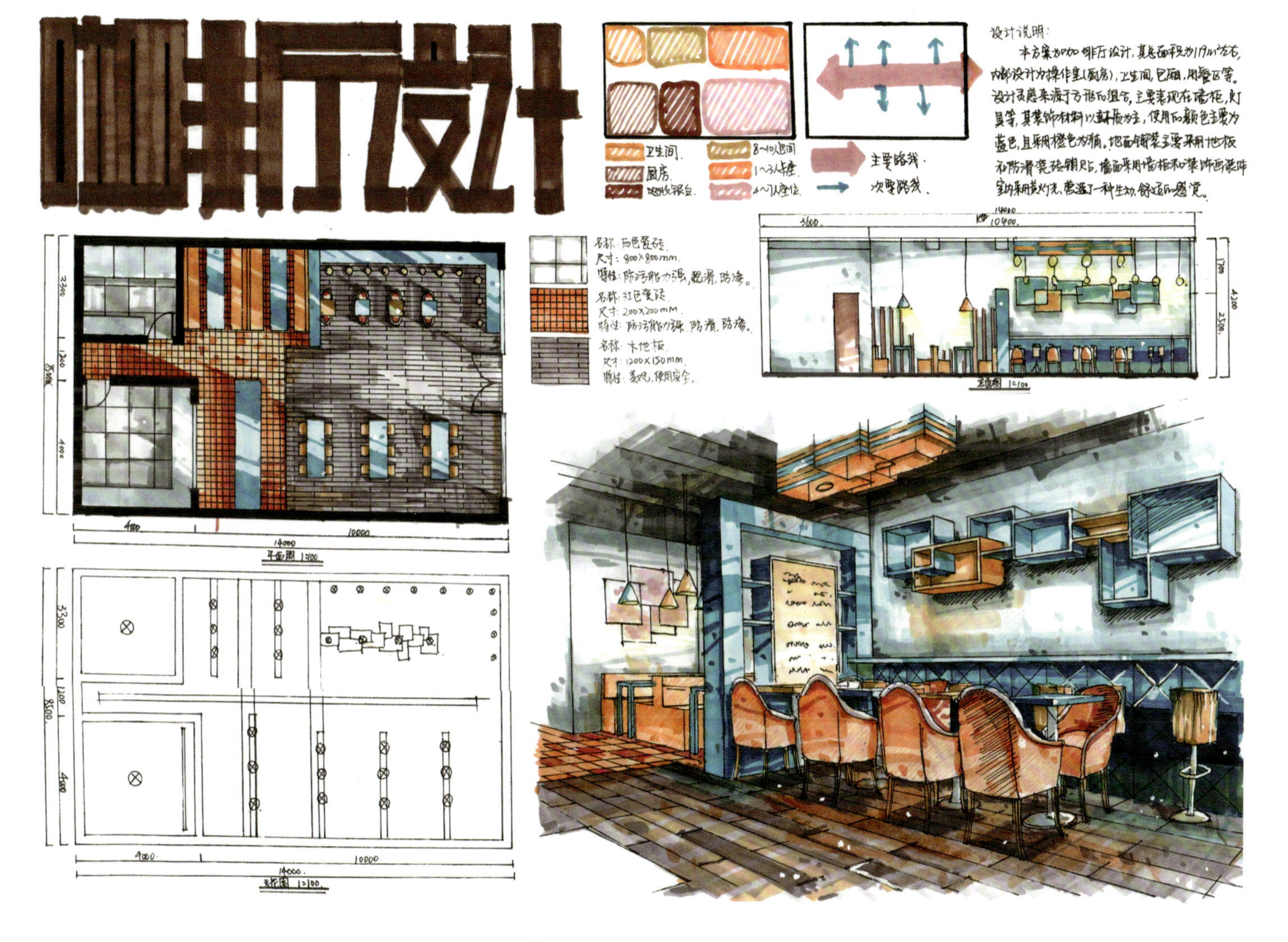
咖啡厅设计
卫生间
厨房
8~10人包间
1~3人卡座
4~7人座位
主要路线
次要路线
设计说明：
本方案为咖啡厅设计，其总面积为119㎡左右，内部设计为操作室（厨房），卫生间，包厢，用餐区等。设计灵感来源于方形的组合，主要表现在墙柜，灯具等，其装饰材料以木质为主，使用的颜色主要为蓝色，且采用橙色为辅。地面铺装主要采用地板和防滑瓷砖铺贴，墙面采用墙柜和装饰画装饰，室内采用黄灯光，营造了一种生动，舒适的感觉。
名称：白色瓷砖
尺寸：800×800mm
特性：防污能力强，耐滑，防潮。
名称：红色瓷砖
尺寸：200×200mm
特性：防污能力强，防滑，防潮。
名称：木地板
尺寸：1200×150mm
特性：美观，使用安全。
14000
10400
平面图 1:100
顶棚图 1:100
立面图 1:100

▲快题设计 · 咖啡厅（钱妍）

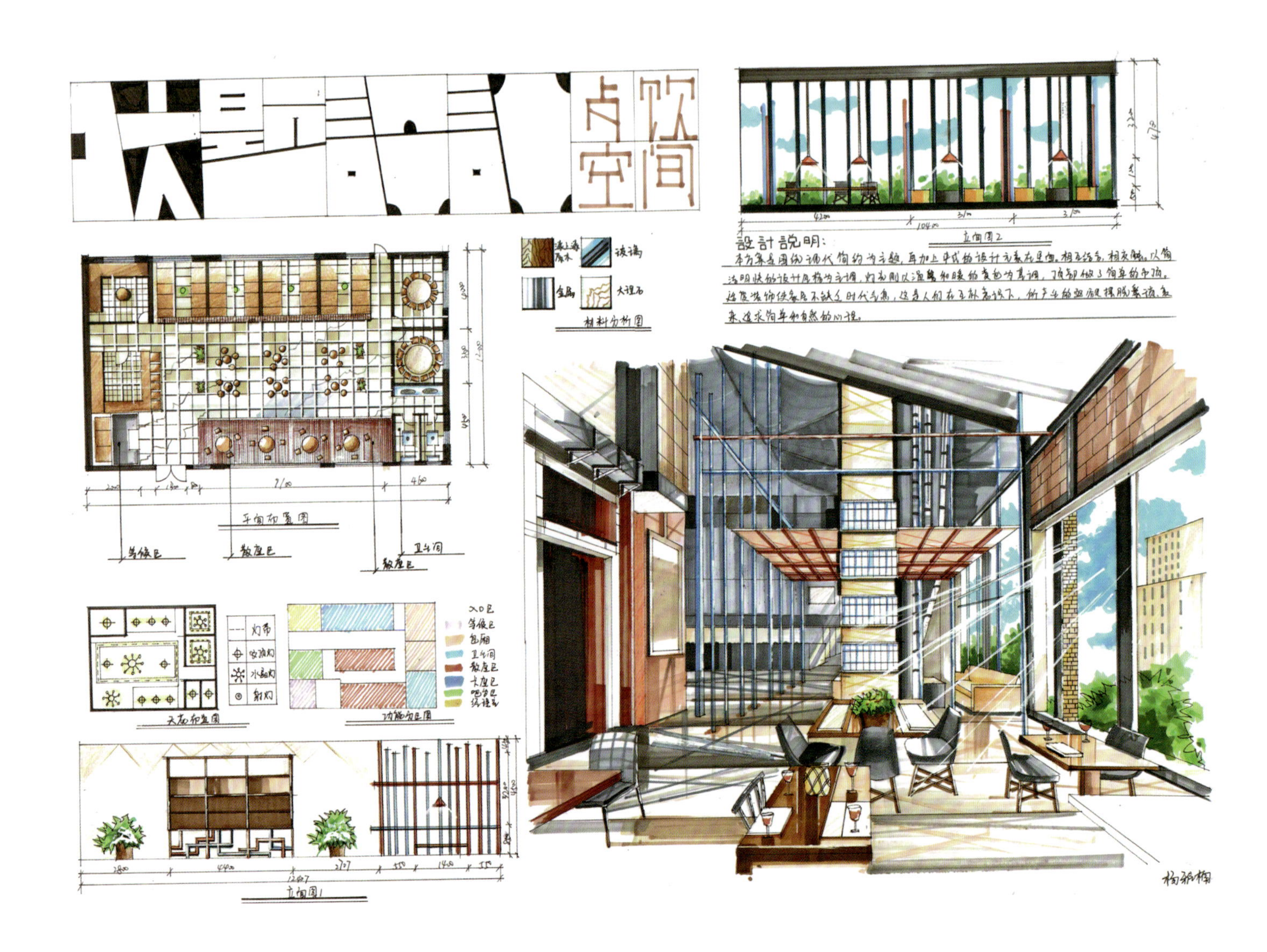

▲快题设计·餐饮空间（杨雅楠）

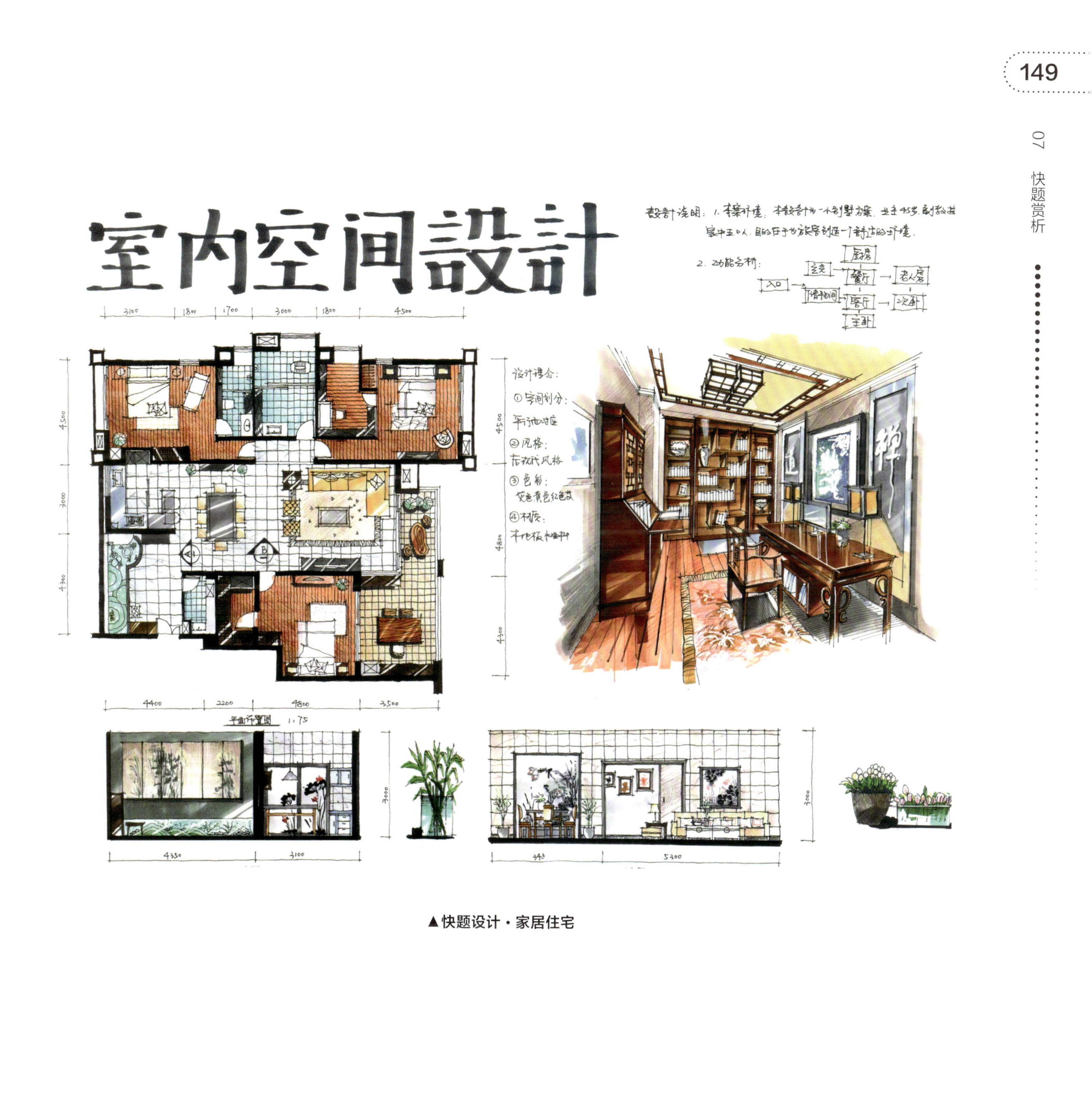

室内空间設計

▲快题设计·家居住宅

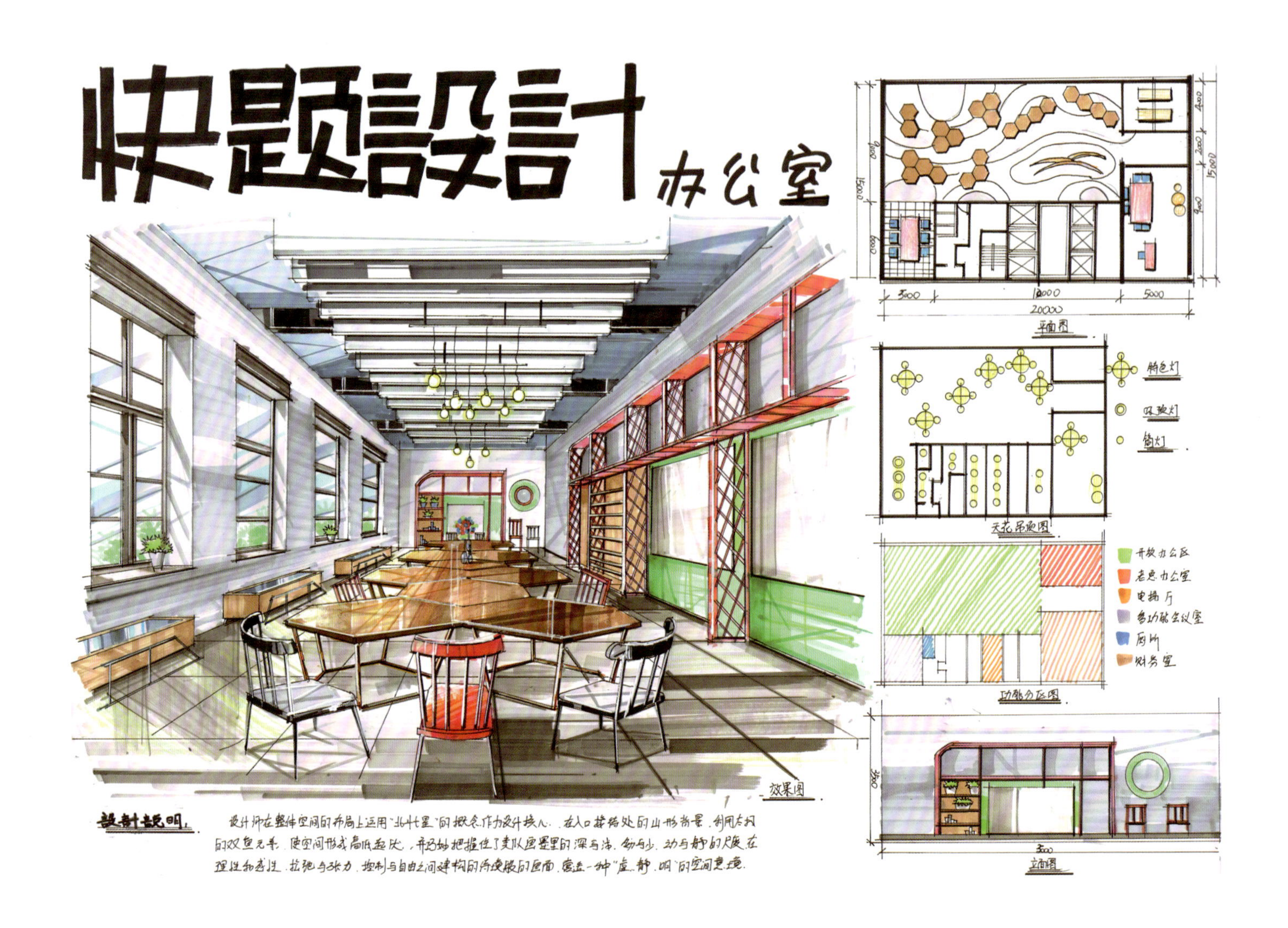

快题設計
办公室
5000
10000
5000
20000
平面图
特色灯
吸顶灯
筒灯
天花吊顶图
开放办公区
老总办公室
电梯厅
多功能会议室
厕所
财务室
功能分区图
立面图
效果图
設計說明：
设计师在整体空间的布局上运用"北斗七星"的概念作为设计核心，在入口接待处的山形背景，利用太极的双鱼元素，使空间形成高低起伏，并巧妙地把握住了复杂空间里的深与浅、多与少、动与静的尺度，在理性和感性、松弛与张力、控制与自由之间建构的诗境般的画面，营造一种"虚、静、明"的空间意境。

▲快题设计・办公室

▲快题设计·服装专卖店

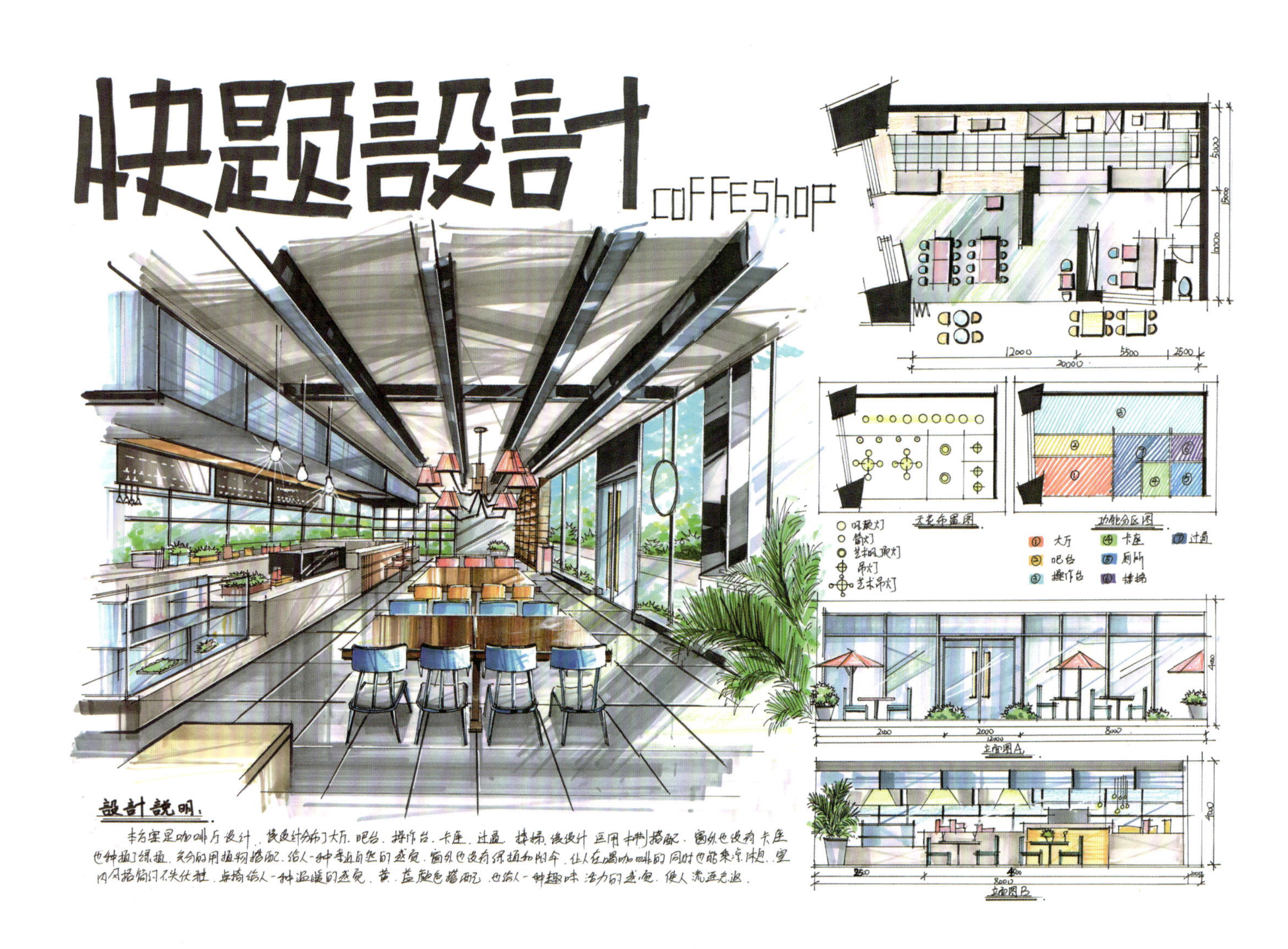
快題設計
COFFESHOP
設計說明：
本方案是咖啡厅设计，该设计分布了大厅、吧台、操作台、卡座、过道、楼梯。该设计运用木料搭配。窗外也设有卡座，也种植了绿植，充分的用植物搭配，给人一种亲近自然的感觉。窗外也设有绿植和阳伞，让人在喝咖啡的同时也能乘凉休息。室内风格简约不失优雅，桌椅给人一种温暖的感觉。黄、蓝颜色搭配，也给人一种趣味活力的感觉，使人流连忘返。
12000
5500
2500
20000
天花布置图
吸顶灯
筒灯
艺术吸顶灯
吊灯
艺术吊灯
功能分区图
① 大厅
② 吧台
③ 操作台
④ 卡座
⑤ 厨房
⑥ 楼梯
⑦ 过道
立面图A
立面图B

▲快题设计·咖啡厅

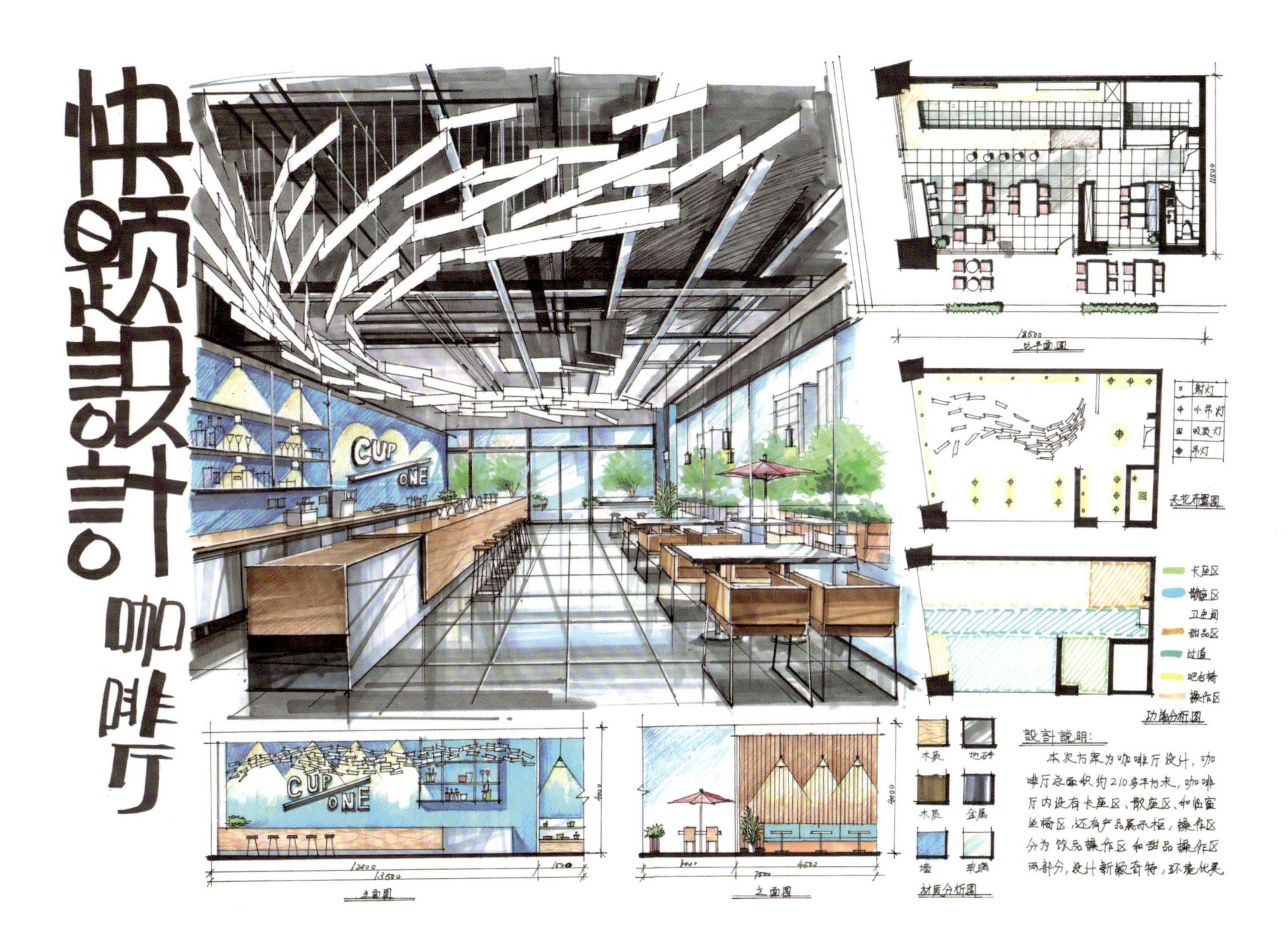
快题設計
咖啡厅
CUP ONE
平面图
天花布置图
射灯
小吊灯
吸顶灯
吊灯
卡座区
散座区
卫生间
甜品区
过道
吧台椅
操作区
功能分析图
立面图
立面图
木质
地砖
木质
金属
墙
玻璃
材质分析图
設計說明:
本次方案为咖啡厅设计，咖啡厅总面积约210多平方米，咖啡厅内设有卡座区、散座区、和临窗坐椅区，还有产品展示柜，操作区分为饮品操作区和甜品操作区两部分，设计新颖奇特，环境优美。

▲快题设计 · 咖啡厅

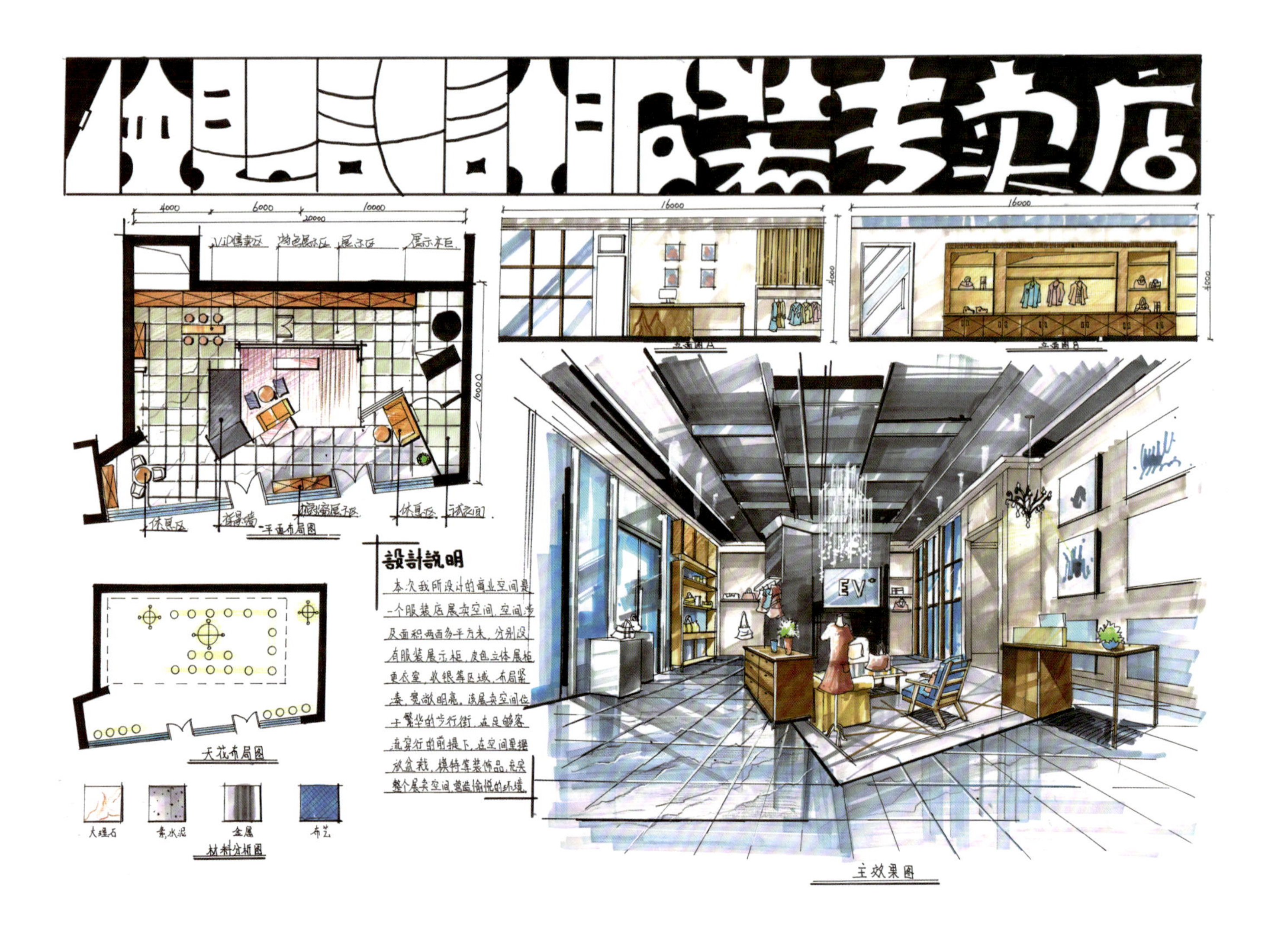

▲快题设计·服装专卖店

猫树咖啡厅
設計說明
立面图 比例1:300
平面图 比例1:500
功能分区图
天花图
卫生间
操作区
卡座区
餐饮区
吊灯
小吊灯
装饰灯

▲快题设计·咖啡厅

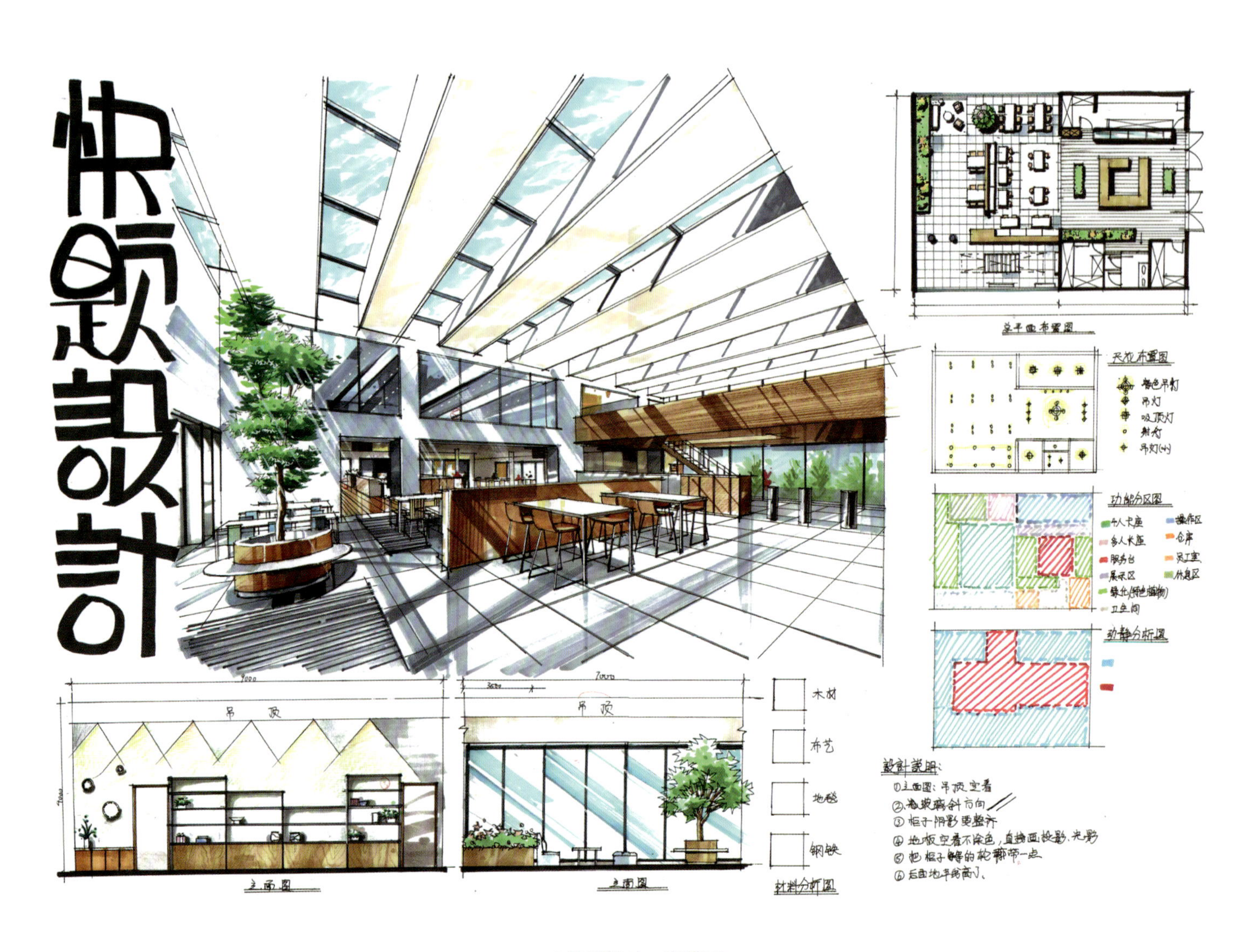
快题设计
总平面布置图
天花布置图
吊灯
吸顶灯
射灯
吊灯(小)
功能分区图
个人卡座
多人长座
服务台
展示区
操作区
仓库
员工室
休息区
卫生间
动静分析图
吊顶
立面图
木材
布艺
地毯
钢铁
材料分析图
设计说明:
①立面图:吊顶空着
③柜子阴影要整齐
④地板空着不涂色,直接画投影、光影

▲快题设计·咖啡厅

服装专卖店·快题设计
设计说明
本次设计是一坐落在某城市市中心的专卖店，本次设计要以现代简约
主义为风格，适用于高中档品牌成衣店专卖
门面设计总体让人感觉轻松，清爽和舒适，地板采用大规
模的六角形地砖，和墙面布置相吻合，墙面部分采用了胡桃
木和一些高级壁纸。
大吊灯
灯带
筒灯
小吊灯
天花布置图
平面图
功能分析图
休息区
展示区
4000
11000
立面图 比例1:500
EXCUSIVE

▲快题设计·服装专卖店

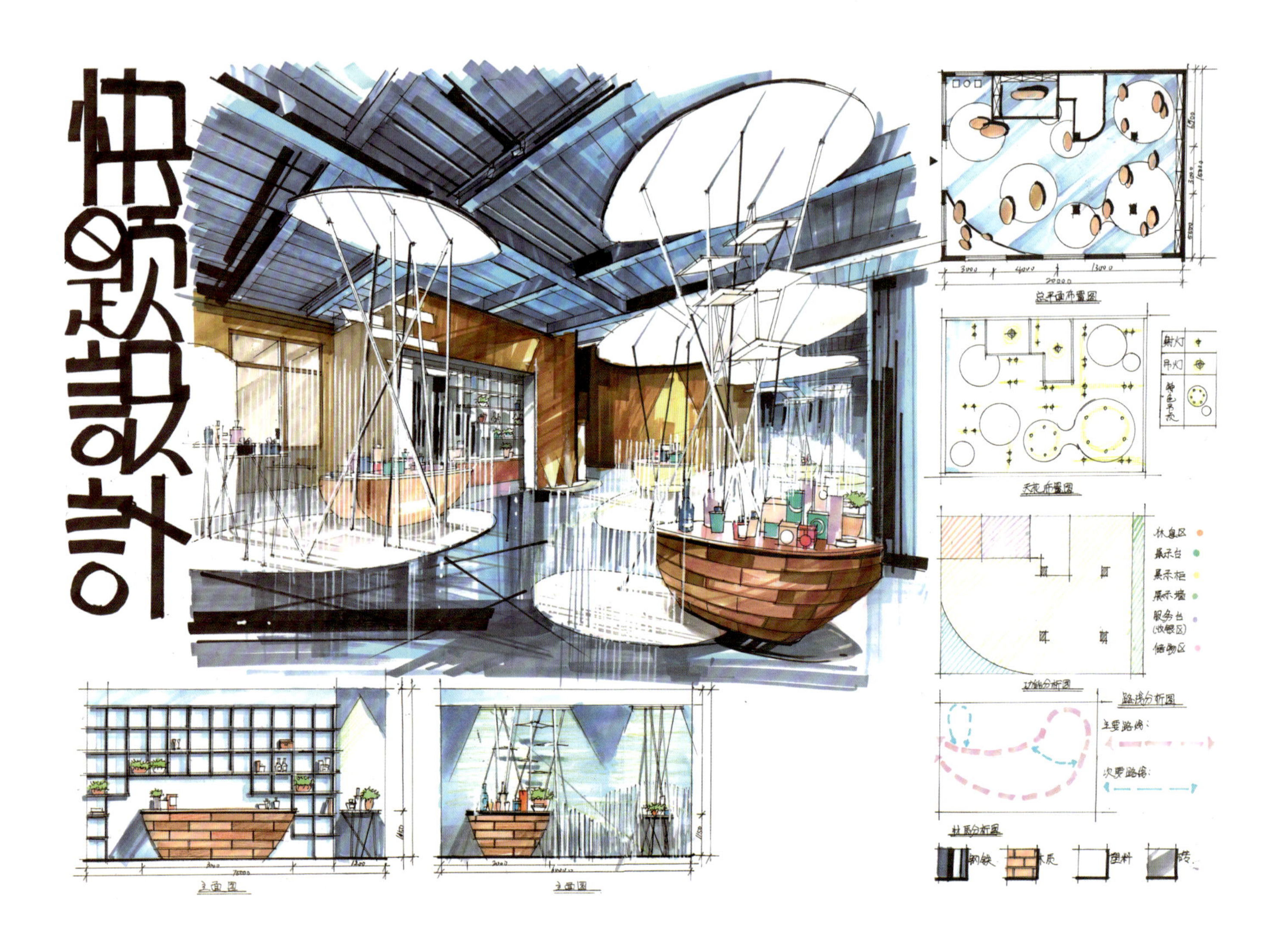
快题设计
3000
4000
13000
20000
总平面布置图
天花布置图
射灯
吊灯
休息区
展示台
展示柜
展示墙
服务台
(收银区)
储物区
功能分析图
路线分析图
主要路线:
次要路线:
材质分析图
钢铁
木质
塑料
立面图
立面图

▲快题设计·专卖店

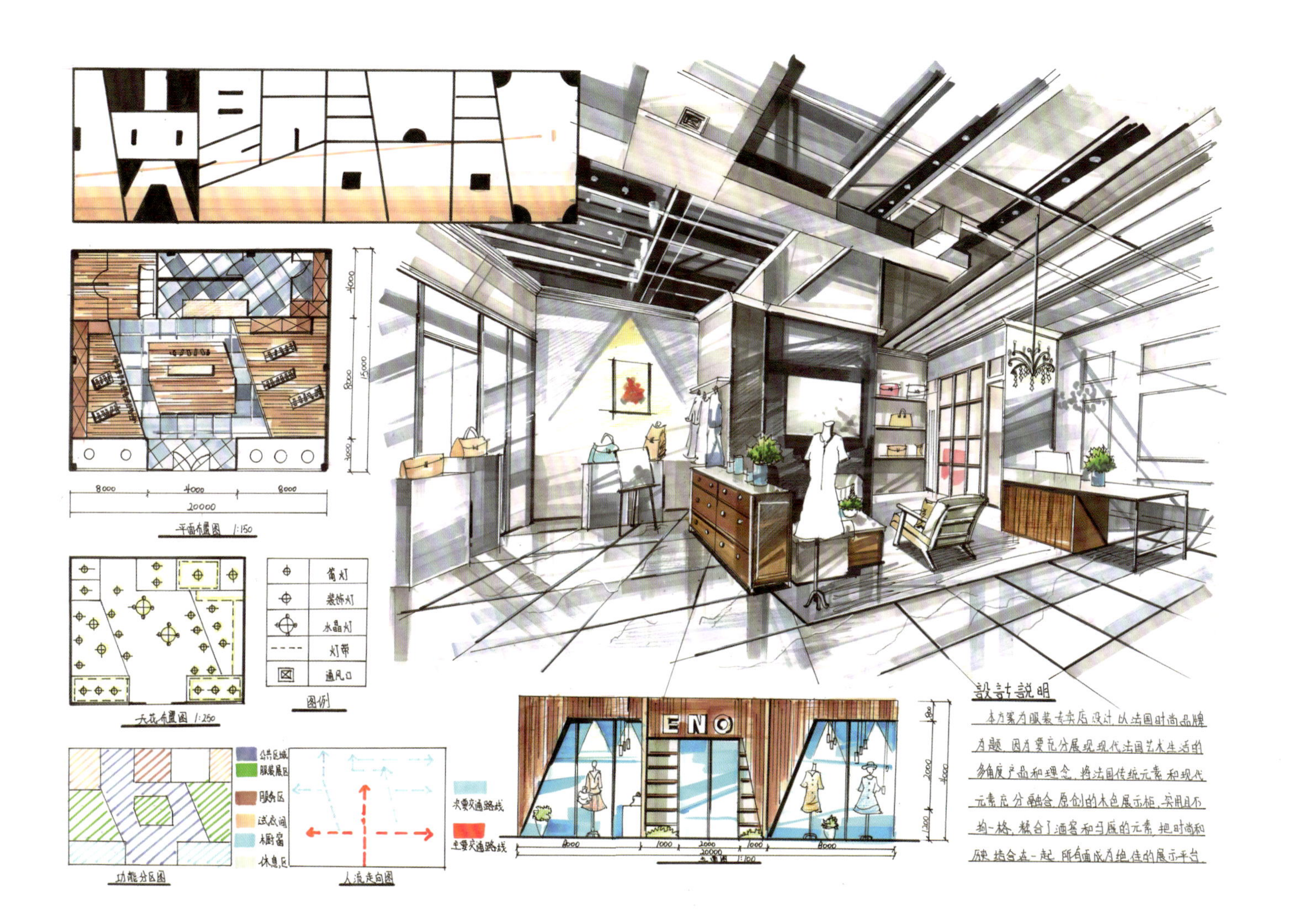
平面布置图 1:150
8000
4000
8000
20000
天花布置图 1:250
图例
筒灯
装饰灯
水晶灯
灯带
通风口
公共区域
服装展区
服务区
试衣间
橱窗
休息区
功能分区图
次要交通路线
主要交通路线
人流走向图
ENO
設計説明
本方案为服装专卖店设计，以法国时尚品牌为题，因为要充分展现现代法国艺术生活的多角度产品和理念，将法国传统元素和现代元素充分融合，原创的木色展示柜，实用且不拘一格，糅合了酒窖和马厩的元素，把时尚和历史结合在一起，所有面成为绝佳的展示平台。

▲快题设计·服装专卖店

COFFEE
主效果图
平面布置图
天花布局图
筒灯
射灯
小吊灯
大吊灯
吸顶灯
灯带
立面图
咖啡厅快题设计
設計説明
此次方案设计将以现代主义设计风格为主，
咖啡厅装修将要把这种风格融入进设计
之中，要求内外协调，在室内空间内设计一面绿
植墙，做好软性装饰，在这个多元化时代，
咖啡厅是一个比较时尚、温馨的所在，此咖
啡厅装修的时候软性装饰有着良好的表现力

▲快题设计·咖啡厅（韩宇思）

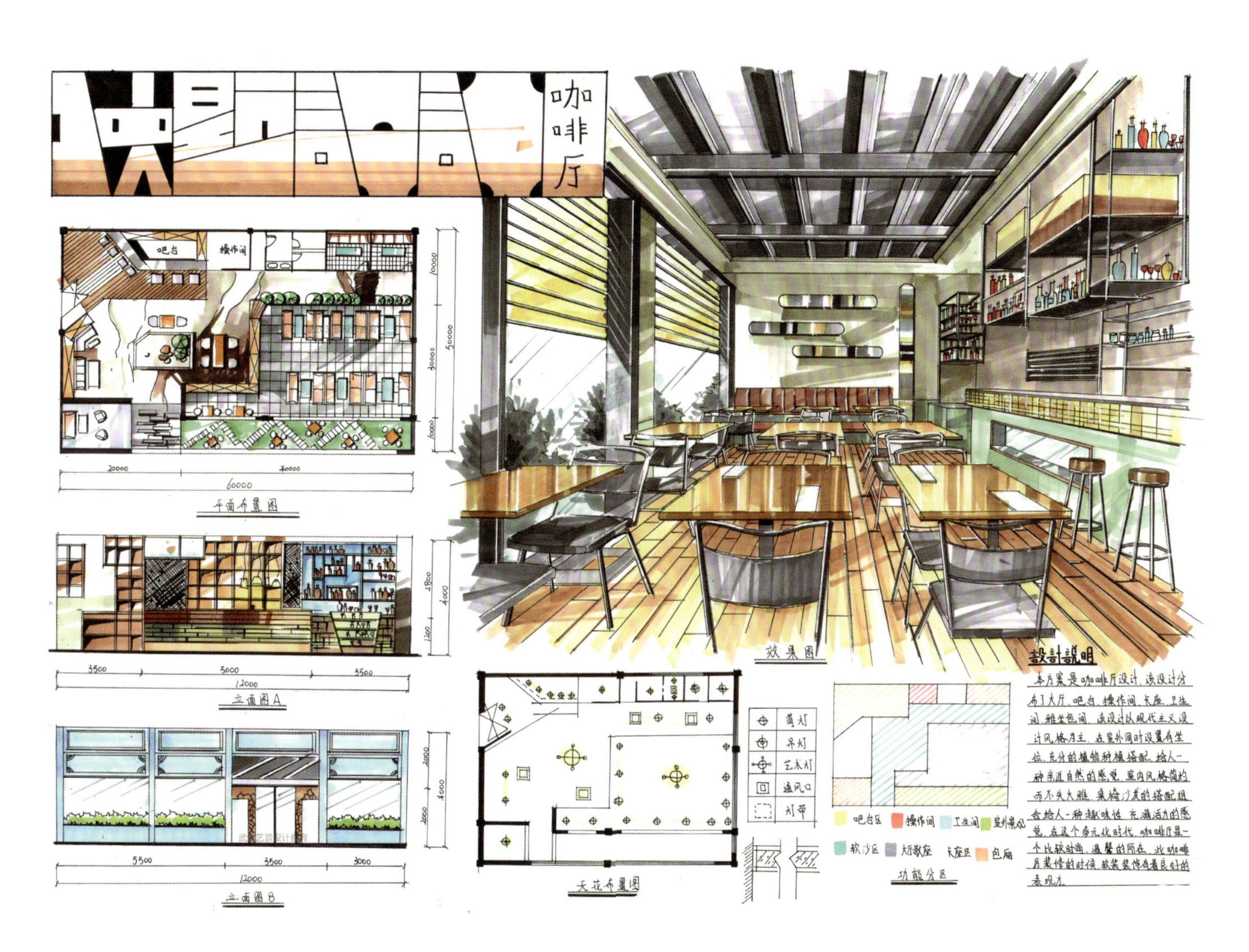
咖啡厅
吧台
操作间
20000
40000
60000
平面布置图
3500
5000
3500
12000
立面图A
5500
3500
3000
12000
立面图B
效果图
天花布置图
筒灯
吊灯
艺术灯
通风口
灯带
吧台区
操作间
卫生间
室外景观
软沙区
大厅散座
卡座区
包厢
功能分区
設計說明
本方案是咖啡厅设计，该设计分布了大厅、吧台、操作间、卡座、卫生间、雅坐包间。该设计以现代主义设计风格为主，在室外同时设置有坐位，充分的植物种植搭配，给人一种亲近自然的感觉。室内风格简约而不失大雅，桌椅沙发的搭配组合给人一种趣味性，充满活力的感觉。在这个多元化时代，咖啡厅是一个比较时尚、温馨的所在，此咖啡厅装修的时候，软装装饰有着良好的表现力。

▲快题设计·咖啡厅（韩宇思）

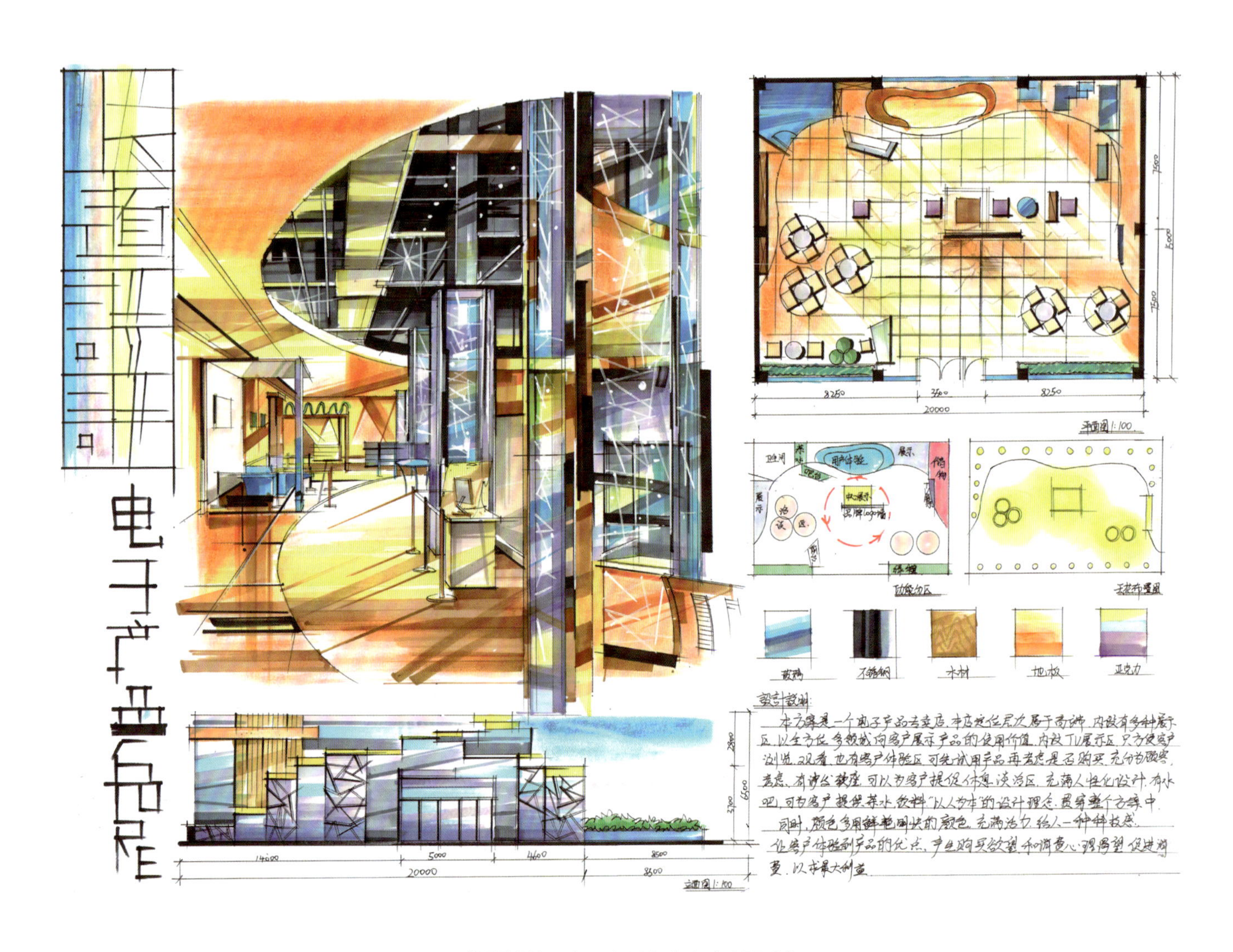

▲快题设计·电子产品专卖店（康题叶）

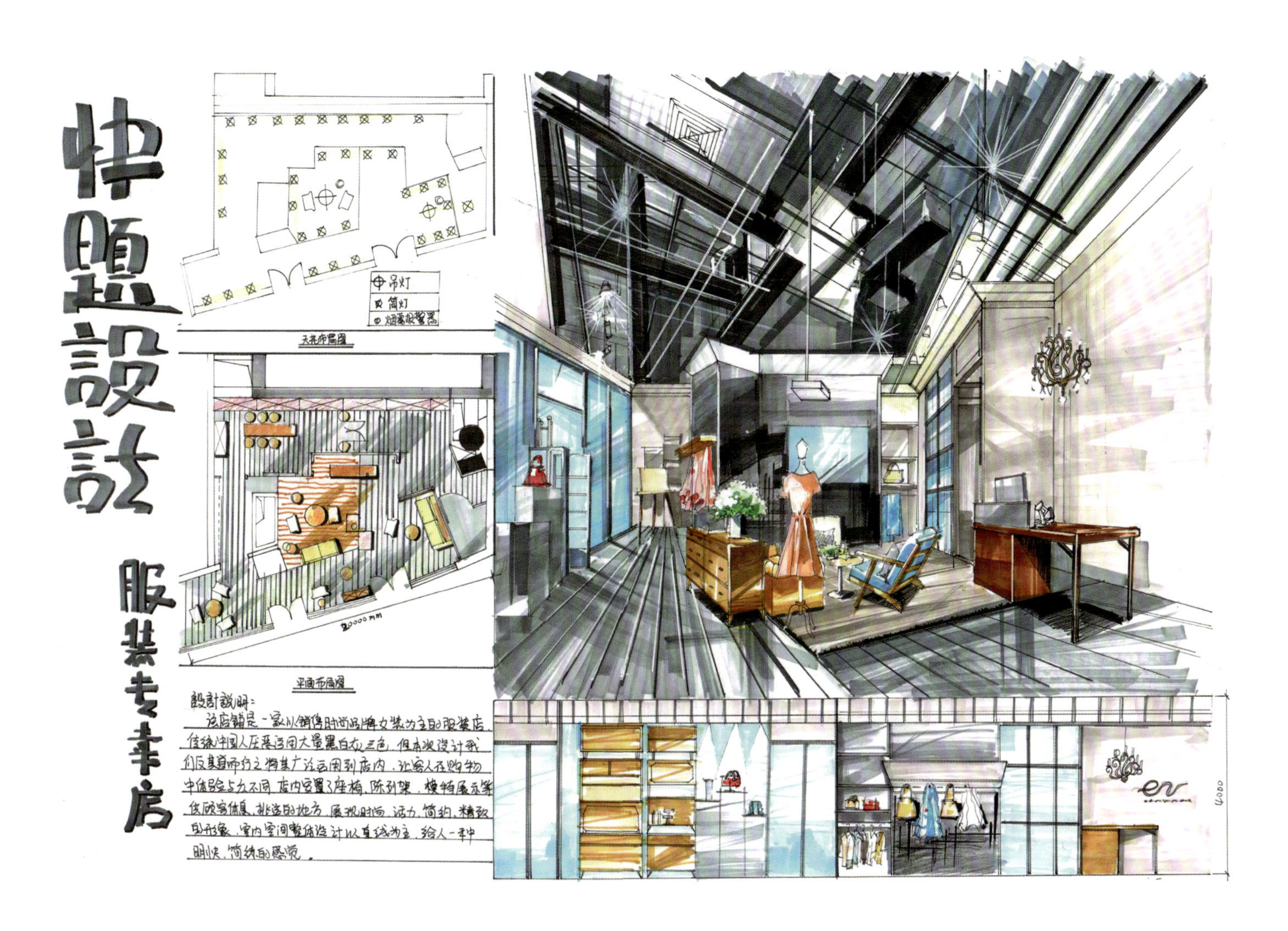

▲快题设计・服装专卖店（李季恒）

▲快题设计·办公室（叶妍乐）

▲快题设计·办公空间（齐永婧）

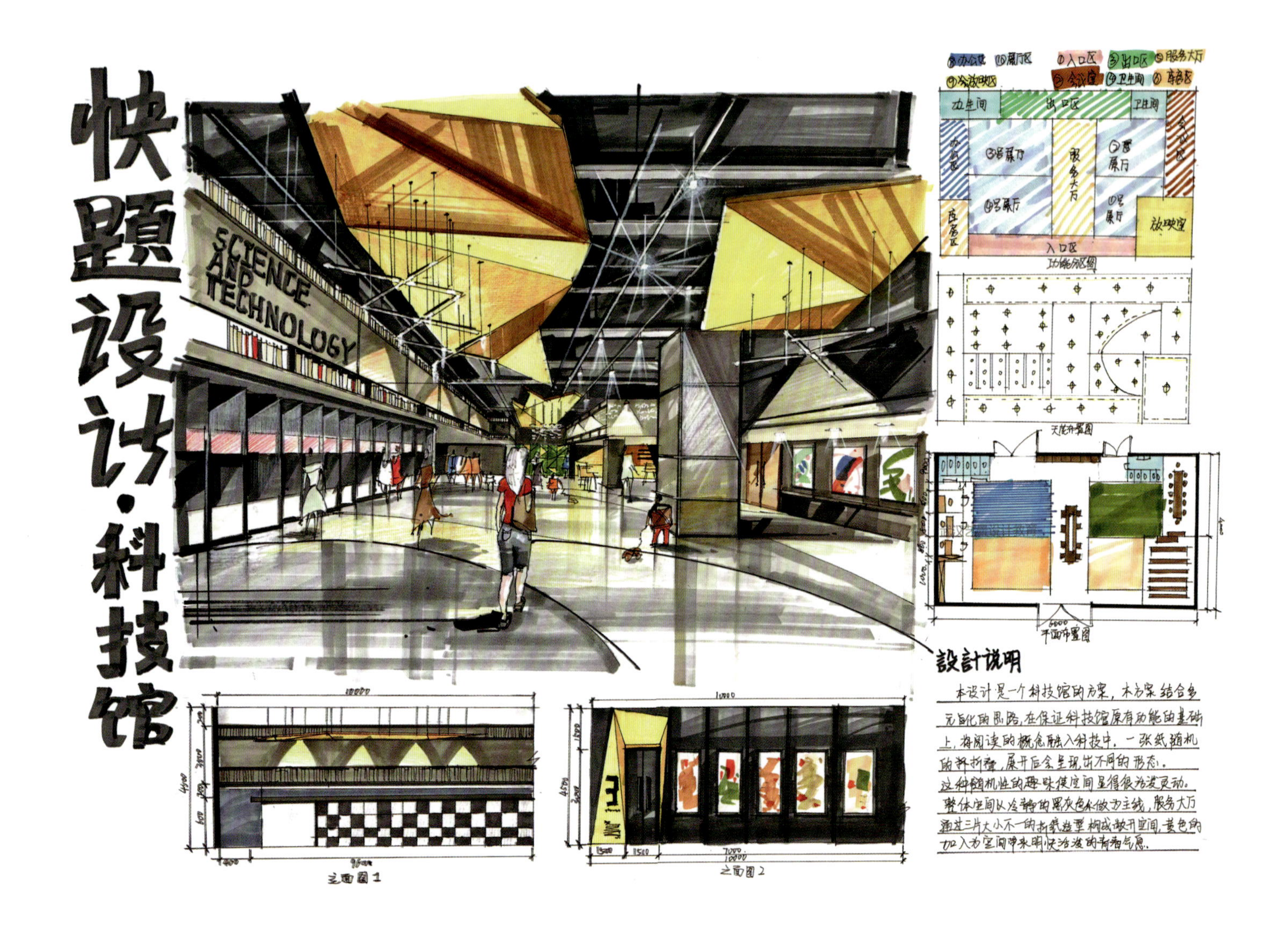
快题设计·科技馆
SCIENCE AND TECHNOLOGY
功能分区图
天花布置图
平面布置图
设計说明
本设计是一个科技馆的方案，本方案结合多
元自化的思路，在保证科技馆原有功能的基础
上，将阅读的概念融入科技中。一张纸随机
的拼折叠，展开后会呈现出不同的形态。
这种随机性的趣味使空间显得很活泼灵动。
整体空间以冷静的黑灰色做为主线，服务大厅
通过三片大小不一的折纸造型构成敞开空间，黄色的
加入为空间带来明快活泼的青春气息。
立面图1
立面图2

▲快题设计・科技馆（齐永婧）

▲快题设计·服装专卖店（孙菲）

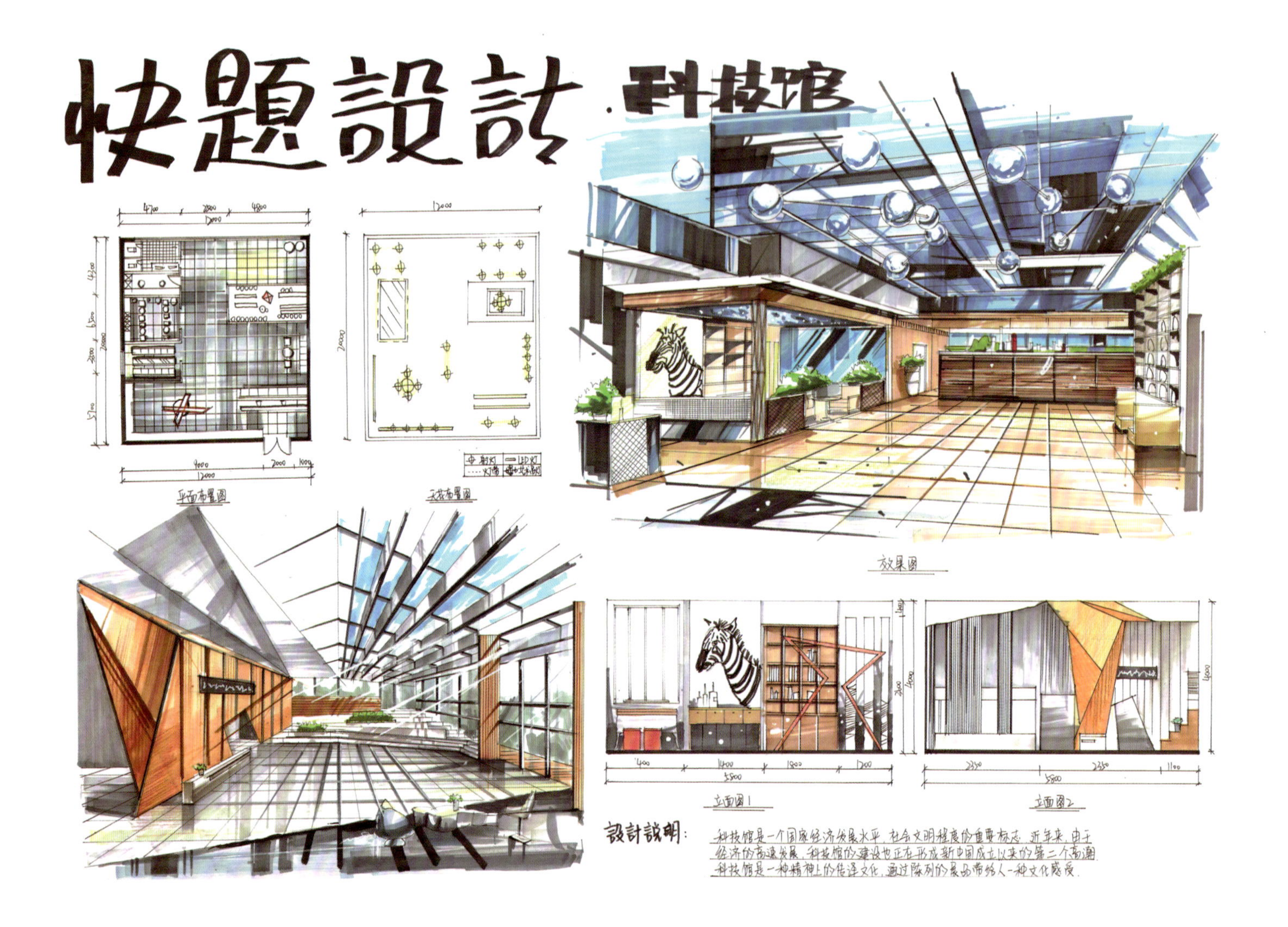
快題設計·科技馆
平面布置图
天花布置图
效果图
立面图1
立面图2
設計説明：科技馆是一个国家经济发展水平，社会文明程度的重要标志。近年来，由于经济的高速发展，科技馆的建设也正在形成新中国成立以来的第二个高潮。科技馆是一种精神上的传递文化，通过陈列的展品带给人一种文化感受。

▲快题设计·科技馆（王曼迪）

▲快题设计·办公空间（张若弛）

▲快题设计・咖啡厅（许永婷）

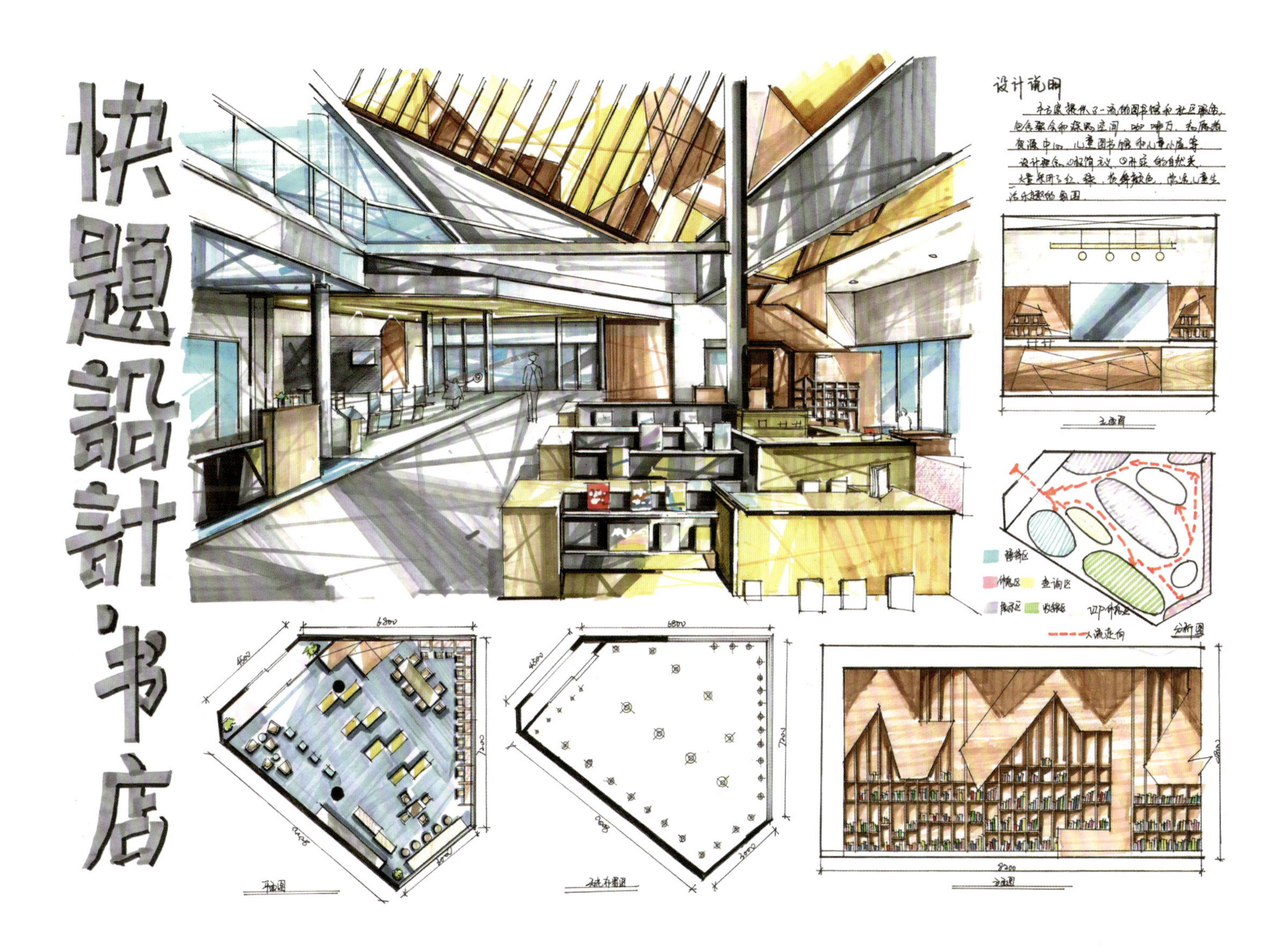
快题設計·书店
设计说明
本方案提供了一流的图书馆和社区服务，包含聚会和探究空间、咖啡厅、
儿童图书馆和儿童小屋等。
设计理念：①极简主义 ②朴实的自然美。
大量采用了红、绿、黄等颜色，营造儿童生活乐趣的氛围。
查询区
人流走向
分析图
平面图
立面图
6800
8200

▲快题设计・书店（许永婷）

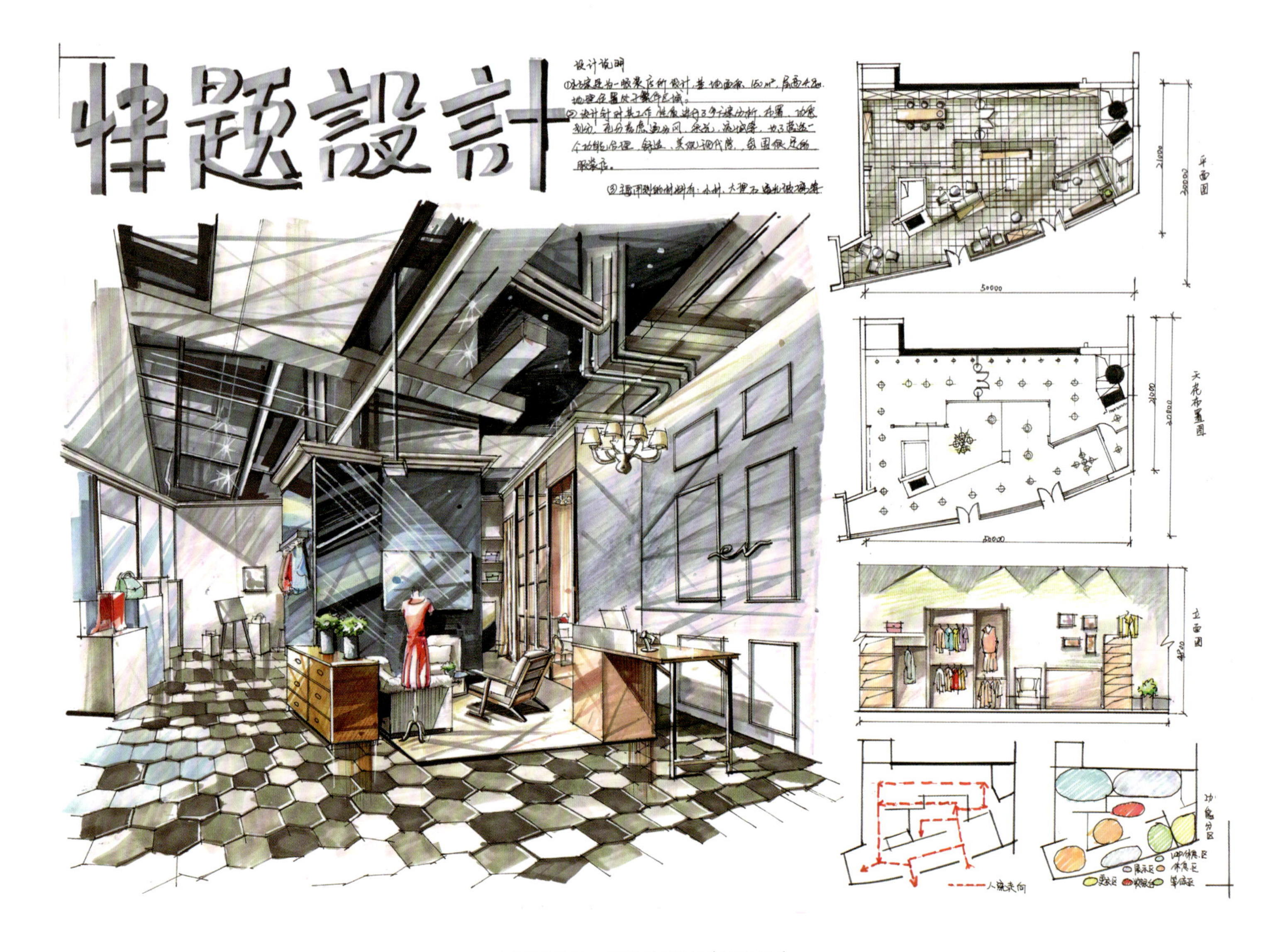

▲快题设计·服装专卖店（许永婷）

▲快题设计 · 快餐厅（许永婷）

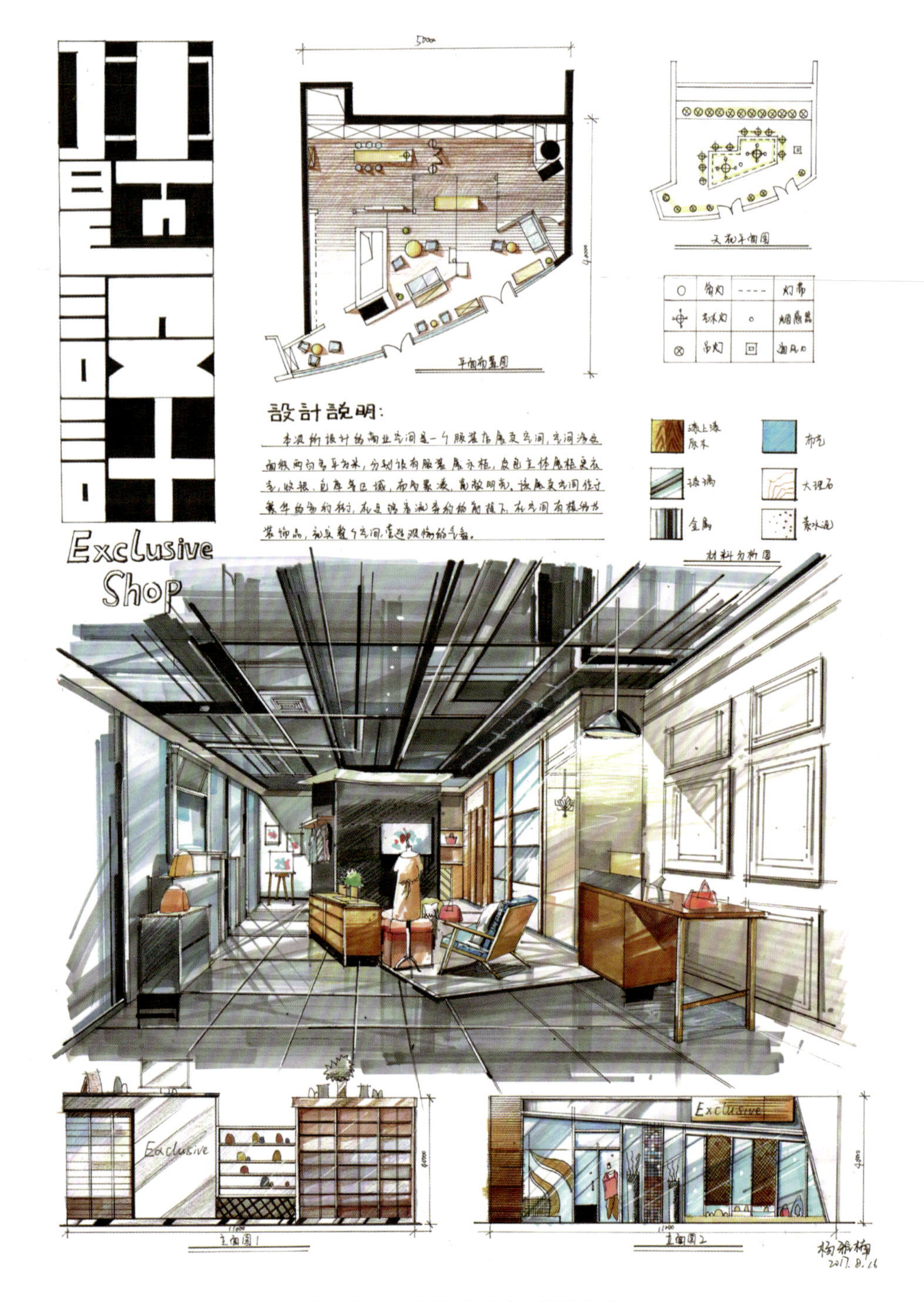

▲快题设计·服装专卖店（杨雅楠）

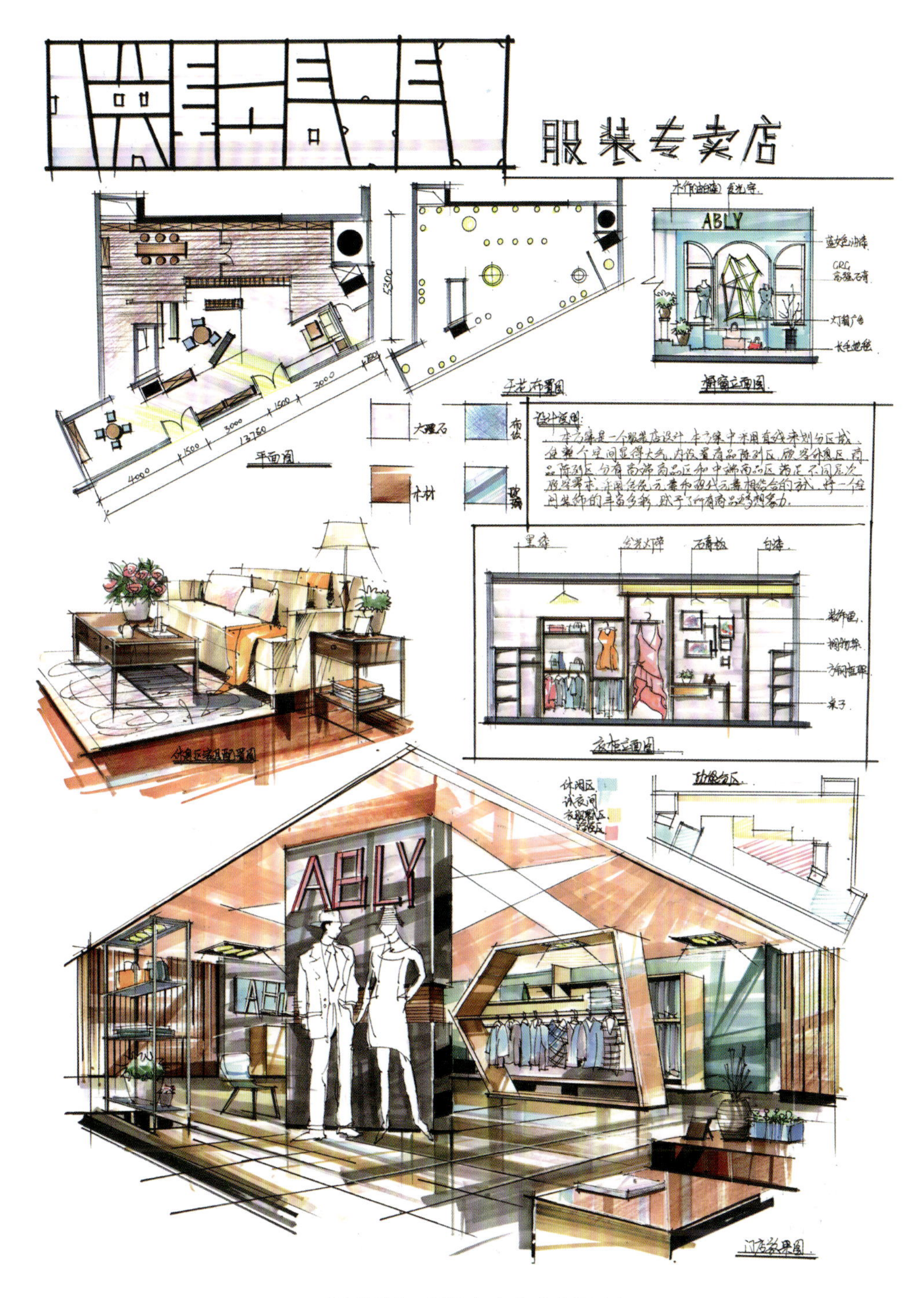

▲快题设计·服装专卖店（康题叶）

艺景设计手绘教育

“艺景设计手绘教育”成立于2011年，总部位于湖北省武汉市。艺景设计手绘教育以学生为本，追求勤奋、创新的教学理念，拥有优秀的团队，在教学中精益求精，为学习艺术设计和考研的莘莘学子提供良好的学习环境。8年来，已有上千名学员在我们这里满载而归，我们针对每位学员的特点因材施教。我们的宗旨是：不求多，只求个个都是精英！让学员真切感受到艺景设计手绘教育完善的教学系统。我们和武汉、上海、杭州、深圳、广州等地多家设计企业合作，为优秀学员提供广阔的就业机会。此外，在教学过程中让学员参与实际的设计项目，将理论教学与实践操作相结合。艺景设计手绘教育曾被多家媒体报道，并以优秀的教学成果赢得设计行业的认可。

▲小班教学

▲大班教学

▲计算机辅助设计

▲拓展训练